工业企业总图运输优化设计方法与应用研究

李雪英 著

哈尔滨出版社

图书在版编目（CIP）数据

工业企业总图运输优化设计方法与应用研究 / 李雪英著. -- 哈尔滨 : 哈尔滨出版社, 2022.6
ISBN 978-7-5484-6543-0

Ⅰ.①工… Ⅱ.①李… Ⅲ.①工业企业 – 建筑设计 Ⅳ.①TU27

中国版本图书馆CIP数据核字(2022)第095968号

书　　名：工业企业总图运输优化设计方法与应用研究
GONGYE QIYE ZONGTU YUNSHU YOUHUA SHEJI FANGFA YU YINGYONG YANJIU

作　　者：李雪英　著
责任编辑：韩金华
责任审校：李　战
封面设计：陈宏伟

出版发行：哈尔滨出版社（Harbin Publishing House）
社　　址：哈尔滨市香坊区泰山路82-9号　　邮编：150090
经　　销：全国新华书店
印　　刷：北京宝莲鸿图科技有限公司
网　　址：www.hrbcbs.com
E-mail：hrbcbs@yeah.net
编辑版权热线：（0451）87900271　87900272
销售热线：（0451）87900201　87900203

开　本：787mm×1092mm　1/16　印张：10　字数：225千字
版　次：2022年6月第1版
印　次：2022年6月第1次印刷
书　号：ISBN 978-7-5484-6543-0
定　价：68.00元

凡购本社图书发现印装错误，请与本社印制部联系调换。
服务热线：（0451）87900279

前言

PREFACE

  工业企业的总图运输设计涉及很多方面的内容，在设计的过程中设计内容的政策性非常强，涉及知识面也很广，在设计的过程中从厂址场地选择、场地内各建构筑物、管线、交通运输设施和空间配置等方面进行研究，把企业的内、外部运输作为设计的对象，全面反映出工业企业的生产建设水平。对工业企业的总图进行设计，要采用多对象、多因素、多专业学科的方式，设计的过程很复杂，和社会的经济和科技文化等方面都有很大的关系，同时在设计的时候也受到历史、地理等因素的影响，所以在设计的过程中要全面考虑这些因素。

  总图运输设计是一项系统化、整体化的设计，依托于科学全面的设计理念，充分结合现场的实际情况来提升设计水平，整合设计元素，充分利用土地资源，全面提升设计水平。总图运输设计具有典型的特征：首先，以发展的目光来进行科学设计。总图运输设计必须基于企业的发展目标及发展方向，有效地实现设计的动态性，便于后期企业发展目标改变时及时进行调整与优化。因此，只有以发展的目光来审视总图运输设计，以精准的目标来引领总图运输设计，才能提升其设计的整体水平，才能全面优化总图运输设计的质量。其次，总图运输设计的时空性。在总图运输设计的过程中，还需要精准把握其时间观和空间观。前者主要表现为总图运输设计的弹性及可调整性，可以充分匹配企业的发展状况，进行适度的调整与优化，更有成效地推动企业的发展。后者则主要表现为在总图运输设计中，应该适当地"留白"，避免空间上的充分利用，一旦出现需要调整或调节的时候，可以进行相应的调整与改变，以保障企业的合理发展。最后，总图运输设计是一项综合性多元化的设计。在总图运输设计的过程中，需要不同学科的综合参与，同时也需要多方人员的共同努力。

  总图运输设计不仅仅需要工程设计方面的知识，同时也需要其他学科知识的融合。同时，在总图运输设计的过程中，设计人员需要综合考量相关参与者的意见，比如用户，只有这样才能全面提升总图运输设计的整体水平。

  总图运输设计作为一种重要的建筑行业的科学技术，在运用的过程中，不仅仅要考虑生产型企业所适宜的地理位置，更要在一定的程度上规划好交通和运输的路线，甚至是其区域内部的建筑建设。总图运输设计不仅关系着生产型企业的建设成本，还关系到其以后的运作方面涉及的运输成本、经营成本乃至水电的消耗等。由于总图运输设计存在着很高的复杂性，因而对总图运输设计人员的技术要求也很高。总图运输设计的设计人员要具有很高的技术涵养，在一定程度上能够良好地分析企业的选址、企业的建筑布设、土方量等，具体体现在总图设计、方案设计、运输设计三个方面，其主要设计更倾向于总图设计。以往的实践经验表明，总图运输设计对企业具有十分重要的影响。基于此，《工业企业总图运输优化设计方法与应用研究》主要研究工业企业总图运输设计的要求和设计的优化方式，提出了一些建议，供读者参考。

李雪英

2022.4

目 录
CONTENTS

第一章　导论 ……………………………………………………………………… 1

　　第一节　研究背景 …………………………………………………………… 1

　　第二节　研究综述 …………………………………………………………… 2

第二章　工业企业总图运输设计的概述 …………………………………… 3

　　第一节　总图运输及总图运输设计的内容 ………………………………… 3

　　第二节　总图运输的发展历程 ……………………………………………… 17

第三章　工业企业总图运输设计的重要性 ………………………………… 30

　　第一节　主要设计内容 ……………………………………………………… 30

　　第二节　提高控制能力 ……………………………………………………… 46

　　第三节　强化协调配置 ……………………………………………………… 53

第四章　总图运输设计与其他专业之间的关系 …………………………… 63

　　第一节　总图运输设计对其他专业的控制作用 …………………………… 63

　　第二节　总图专业对各专业的协调作用 …………………………………… 73

第五章　总图运输设计在工业企业的应用 ………………………………… 90

　　第一节　总图运输设计在工业企业节约用地的应用 ……………………… 90

·1·

第二节　总图运输设计在工业企业总平面布置的应用·················100

第六章　工业企业总图运输设计的优化策略···················116

　　第一节　厂址选择的优化方法·····························116

　　第二节　总平面图设计的优化方法·························126

　　第三节　竖向设计的优化方法·····························137

　　第四节　场地管线布置设计的优化方法·····················145

参考文献···151

第一章　导论

第一节　研究背景

中国经济的快速发展离不开第二产业，自改革开放以来，第二产业开始飞速发展，占国内生产总值（GDP）的比重逐年增长，而工业是第二产业的重要组成部分，就目前中国的国情而言，在一段时间内，工业在国家发展中依旧占有重要地位，当前的中国依然属于发展中国家，要想跻身于发达国家的行列，势必要依赖工业。如何让工业更好地为国家发展服务，而不是拖发展的后腿，是当前国家乃至整个社会应该思考的一个问题。

工业的发展拉动了社会经济，这无可厚非，但发展的同时也出现很多问题。谈工业，便离不了企业，企业的扩张需要土地，近年来随着我国工业化步伐的加快，大多数的企业都在不停地扩建圈地，企业的开发建设造成的水土流失问题尤为突出，已经引起全社会的广泛关注。我国工业化起步比较晚、水平低，直到20世纪80年代末，随着工业企业的大规模开发，开发建设项目的水土流失问题才引起人们的关注。但是，由于我国水土保持和生态环境方面的相关法律制度不尽完善，加之人们对经济高速增长的迫切需求，几乎所有的企业都在采取以牺牲生态环境为代价来牟取短时期内较高的经济利益的这种做法，我国因企业开发建设造成的水土流失问题十分严重。同时，随着我国经济的高速发展，工业化进程加快，人为因素造成的水土流失现象也呈显著上升趋势。

目前我国的工程设计人员在工业企业的设计过程中，对环境保护这一因素都有所考虑，在工业企业总平面布置方案评价阶段，评价体系中已经有环境保护这一因素，但如何将这一因素具体量化到设计过程中的研究还很少。从环境角度出发优化总平面设计的研究比较少见。在当前环境问题日益严重的情况下，如何在工业企业总平面布置方案评价与优化设计时尽可能地考虑保护环境，这一现状问题的解决已迫在眉睫。

竖向设计也是工业企业设计非常重要的一部分，现有关于竖向设计的大多数研究都是从经济角度出发，找寻新的方法优化平土标高、土方量及竖向设计方法。实际场地平整过程对生态环境的影响很大，竖向设计不合理会严重破坏土壤原始物理状态，损害土壤中微生物生存空间，不利于水土保持。目前从保护生态环境的角度优化竖向设计的相关研究甚少，已有研究也只是停留在理论分析、政策研究阶段，如何从环保的角度进行合理的竖向设计是现存的问题之一。

第二节　研究综述

一、国内研究现状

国内的总图运输设计技术是 20 世纪 50 年代由苏联引进，几十年间我们不断促进其完善、充实、发展。例如雷明编写的《工业企业总平面设计》，杨秋侠、孙雅楠的《低碳经济条件下企业物料运输方式定量选择》都对我国总图运输技术发展起到一定的作用。目前总图运输技术已经逐步变成具有我国独特特色的设计技术。随着国家经济迅速发展，大规模经济建设，总图运输设计技术不仅局限于厂矿企业，已向民用、景观、城规等行业拓展。

现阶段在总图运输方案的设计过程中，主要采用的是定性分析，一般以专家对影响总图运输各个因素的综合结果感性做出方案评价，缺少对各影响总图运输因素数据化的定向分析。

二、国外研究现状

工业场地总图运输设计的产生应追溯到产业革命或更早一些的年代，厂矿的生产规模随着时间的推移逐步扩大，新兴的机器人生产替代了逐步衰弱的传统手工业。企业主动寻求合理安排工人的操作环境、机器及设备布置和物料运输等的对策，总图运输应运而生。在 20 世纪 30 年代，国外就已开始针对总图运输进行系统研究，在当时已经开始运用工艺流程对工厂布置进行指导。20 世纪 60 年代，美国学者 Richard Muther 提出的系统化布置设计方法——SLP，为设施规划奠定了基础性理论。随着计算机技术的迅猛发展，欧美等国针对总图运输设计的软件开发也取得很多成果。

第二章 工业企业总图运输设计的概述

第一节 总图运输及总图运输设计的内容

一、工业企业总图运输设计概述

总图运输是一门政策性强、知识面广的学科，它的研究对象主要是：厂址选择；企业建设场地内各建构筑物、交通运输设施、绿化等的空间配置；企业内、外部运输及企业总图管理等。总图运输能全面反映工业企业建设和生产的综合技术水平。所谓总图运输设计，就是指：根据建设企业的需要，结合客观自然条件，通过设计人员的创造性思维，经过反复判断，做出决策并用规范的设计语言予以表述，借此将上述总图运输的主要研究对象转化为能够满足人类与社会的功能要求，并取得满意的社会与经济效益的工业企业总图系统。总图运输学科体系与涉及的具体内容应如图2-1所示。

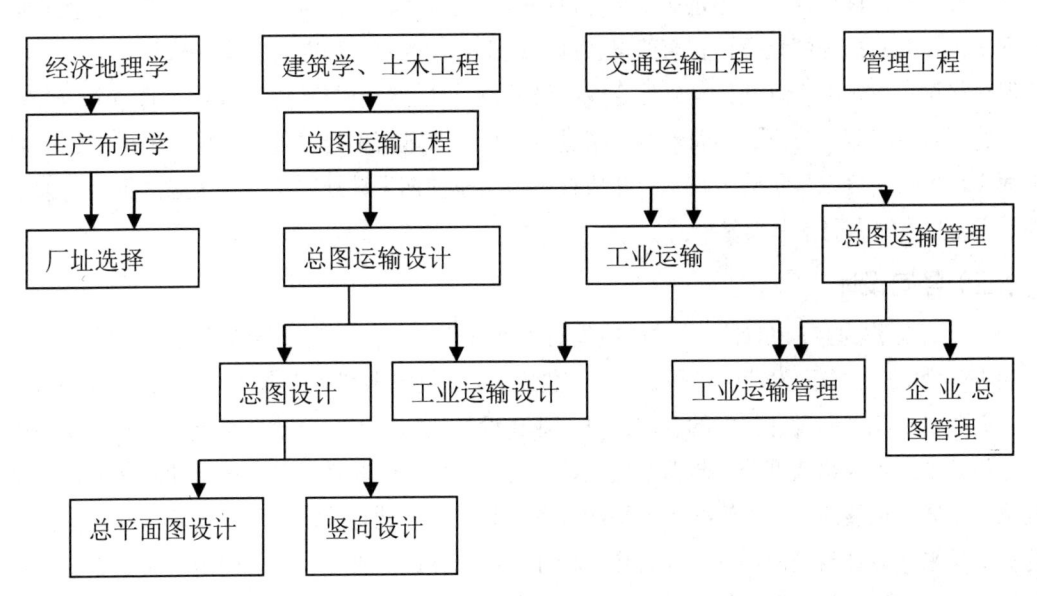

图2-1 总图运输框架体系图

从图2-1中容易看出，总图运输设计是多对象、多因素、多专业学科且综合性极强的创造性思维活动的实践过程。该过程极其复杂，涉及面相当广泛，它不仅与社会经济、科技文化发展的整体水平密切相关，还受到历史条件、时间阶段、地域场所的制约，加之人们对宏观事物的认识能力及创造精神的发挥存在着差别，亦导致设计指导思想和设计内容的差异。总图运输的复杂性，就决定了总图运输专业人员必须要有强烈的全局观念，必须具备一定的组织能力和表达能力，必须要了解历史和掌握未来发展的长远设想，要有广博的知识面和工程概念，技术业务要精益求精。

（一）总平面运输设计

工业企业总平面设计是在保证生产、满足工艺和运输要求前提下，结合工业场地的自然条件，合理地确定拟建建筑物、构筑物、交通运输线路、工程管线、绿化美化等设施的平面位置，使各设施成为统一的有机整体，并与城市规划和国家交通运输网相协调，使企业的人流、物流和设备、设施在空间上妥切组合，在时间上适当衔接，在费用上节省经济，在环境上舒适安全，以使企业获得最高的经济效益和完美的建筑艺术整体。

生产物料运输设计是总平面设计的重要组成部分，生产物料运输设计包括很多内容，分别是运输方式的选择、运输线路的规划、运输设施的布置及运输系统组织。我国是制造业大国，大部分的工业企业的生产都是指大量的生产物料不断在企业内流动，通过不同的工艺生产过程加工得来，因此在工厂里就会产生大量的生产物料运输，生产物料运输合理化会提高企业的生产效率，加快企业的投资回收速度，降低运输过程中产生的能耗污染。同时，运输线路的规划及运输设施的布置对总平面设计影响重大，道路、铁路线路布置能够决定企业的功能分区、生产车间位置，运输设施（例如转运站、加压站）的布置给总平面设计也会提出很多要求，因此在总平面设计时必须兼顾运输，只有在运输最优的前提下才能判断工业企业总平面设计是否合理。

鉴于总平面运输设计在工业企业生产建设中所起的作用，设计阶段往往要做出多个总平面布置方案，并对其择优深化设计直至建设实施。科学合理的总平面布置方案评价优化方法，可以确保最终设计方案的合理性，是确保企业经济效益、社会效益与环境效益最优的一个强力有效的检验环节。客观、公正、全面地对方案进行分析，改进其不足之处，选择出最适宜建设的总平面设计方案，可以尽量减少在工厂建成投产后由于前期设计缺陷给企业带来的损失，为企业高效安全生产运营打下坚实基础。

（二）竖向设计

竖向设计也称为竖向布置，是对场地垂直方向的设计。由于建设场地自然地形的起伏不平，很难满足工厂总平面设计中各种建筑物、构筑物、交通运输线路与场地排雨水的设计标高。因此，需要根据总平面设计技术的要求，对工业建设场地的自然地形改造平整。竖向设计是总图运输设计中的重要组成部分，与总平面设计有着密不可分的联系。总平面设计是确定各种建构筑物、交通运输线路、工程管线等的平面位置，竖向设计就是确定其立面位置，即确定其设计标高。总平面设计与竖向设计协同合作，相互制约，在此基础上，才能确定工业企业的各有机组成部分合理的空间位置。在苏联传入我国的总图运输设计理论基础上建立的竖向设计理论是我国竖向设计理论的一个起点。

竖向设计的主要研究内容包括竖向设计的内容、形式、布置原则及要求、平土标高的确定、土方量的计算、场地排雨水的布置、管线的敷设、防护设施的布置及竖向设计方案的评价。竖向设计的主要任务是充分利用和改造工业场地的自然地形，选择合理的竖向布置系统，确定场地的最佳设计标高，使之既能满足生产和使用要求，又能达到土方工程量少、加快建设进度、节约利用土地和节约基建投资的目的。

国内外大量的工程实例已充分说明总图运输的重要性：如果厂址选择不好，总平面布置不合理，就会给工程留下遗憾，给施工、生产、生活造成不便，甚至对安全、经济、环境等方面也会造成很大的影响。国外对总图设计给予了足够的重视。如美国总图设计是由项目工程师（相当于我国设计总工程师）负主要责任，直接领导和协调各专业部门的作业活动，并汇总成符合各种法律、规定及委托人要求的"项目总布置图准则"，在设计中与设计人员密切联系以保证正确表达准则的意图。美国依伯斯公司把总图设计准则列入工程管理手册，作为一项综合管理工作来对待。我国的总图运输从中华人民共和国初期创建以来，经历了发展、壮大到成熟的过程，总图运输专业队伍从无到有，从小到大，形成一支人员众多、遍及管理、设计、教育和科研领域的力量，为我国工业的发展做出了不可估量的贡献。

二、工业企业生产物料运输方式特点

工业企业生产物料的运输方式主要分为道路运输、铁路运输、管道运输、皮带运输等。根据运输物料的性质、形状、特性选择最优的运输方式，每种运输方式都有其各自的运输特点，布置形式和适用性也不相同。

（一）道路运输

道路运输与我们的日常生活息息相关，对于工业企业来说，道路运输也起着重要的作用，物料的运输离不开道路。道路运输具有机动灵活的特点，对于运量较小，种类繁多的工业企业来说，采用道路运输最为方便快捷，对于工业企业内部的物料运输，道路运输的适用性强，绝大多数货物都可以采用道路运输。同时，厂内道路不仅仅起到运输货物的作用，同时具有功能分区、敷设管线、绿化美化厂容、消防、安全的功能。

1. 工业企业厂内道路设计的相关因素

（1）厂矿道路的组成分类

厂矿道路一般分为厂外道路、厂内道路和露天矿山道路三类。

厂外道路。

厂外道路主要是指工业、企业厂区范围以外的道路，主要包括工业企业与对外公路网、城市道路、车站、港口、码头、原料基地、及其他企业等相互连接的道路；或一些大型的厂矿企业分散的厂区、居住区等之间相互连接的道路；或通往本工业企业（不包括露天矿山）外部各种辅助设施的辅助道路。

工业企业厂外道路设计的相应要求一般包括以下三种情况：若在城市道路网规划的范围内，其设计要求应符合城市规划的要求，按照有关城市道路相应的设计规范规定选用技术指标；若在公路网规划的范围内，则需按公路的相应设计规范进行选取；不在上述范围的应满足和采用与"厂矿道路设计规范"有关的技术指标。

厂内道路主要分为以下几类：

主干道：作为全厂的主要道路，是货流频繁的道路，人流、自行车流及载人汽车流集中的最大道路。主要包括进厂中央干道和货运主干道，其中进厂主干道是厂前区大门进入厂区的中央干道，主要以人流为主；而货运主干道主要是货运出入口与厂区内的原料区、成品区、仓库区等联通的货流量最多的道路。

次干道：是生产车间之间、车间与仓库之间、车间与厂内码头等交通运输的道路，即负责厂内周转运输的货运道路。次干道在厂区分布较多，功能、性质差异也较大。

辅助道路（支道）：车辆和行人通行都较少，且货物运输不稳定的道路。如消防车、救护车或电瓶车等行驶的道路。一般采用单行车道。

车间引道：主要考虑人流和自行车流的通行，不产生货运车流。是建、构筑物出入口与主干道、次干道、辅助道路相连接的小路。

人行道：主要包括单独的只能供人行走和自行车行驶的道路及车行道两侧的人行道。根据厂区的不同功能区域的生产工艺需要来确定厂区的主干道、次干道、支道、车间引道和人行道，根据需要全部或者部分设置。由于厂内道路的路线相对较短，交叉口较多，且厂内的车辆行驶速度也较低（一般设计车速为15km/h），因此厂内道路的技术指标与厂外的差异比较大，根据各厂的不同进行计算，道路的布置形式也不同。

露天矿山道路。

露天矿山道路是指露天矿山范围内行驶矿用自卸汽车的道路，或者通往车间和各种辅助及附属设施所行驶的各类汽车道路。露天矿山道路按使用性质和要求分为：

生产干线：是指采矿场开采台阶通往卸矿点或废石场的共同道路。

生产支线：为开采台阶或废石场与生产干线相连接的道路；或一个开采台阶直接到卸矿点或废石场的道路。

联络线：行驶露天矿生产所用自卸汽车的其他道路。

辅助线：通往矿区范围内的附属厂（车间）和各种辅助设施行驶的各类汽车道路。露天矿厂道路上行驶的汽车型号根据露天矿山的生产规模和生产运输设备的配置不同而不同。露天矿山道路按小时单向交通量划分为三个等级，当露天矿山道路同时具有厂外道路性质时，应同时符合相当等级厂外道路的要求。

（2）厂内道路与总图设计的关系

工业企业厂区的总图设计主要包括以下几个方面：厂址的选择、总平面的布置、竖向的布置、管线的综合、厂区绿化等。道路网不是一个孤立的系统，厂区道路网的主要作用是在总平面布置中划分各功能分区，它是工业企业总平面布置的骨骼，不但为厂内货流、人流、车流等之间的联系和运输提供载体，而且在整个厂区的消防及避险中起到重要的作用。

与厂址选择的关系。

工业企业的建设是把具体的设计落实到特定的空间上。厂址选择一般分为建厂范围和选出具体的厂址两个阶段。在工业企业总体规划和区域工业开发的基础上，应根据厂址选择的基本原则和要求，并结合当地的自然、经济、建设和社会条件，运用厂址选择的理论，即运用工业区位理论，根据企业的区位指向，来选择厂址的布局地区；运用区域工业规划与布局的理论，来选择厂址的布局特点；运用厂址的最优位置确定的理论方法，来确定厂址的具体位置。目的是使工业企业建成后获得良好的经济效益、社会效益和环境效益，且为道路网布置创造良好的条件。

厂址选择的优劣，不仅对工业企业的发展产生重大的影响，重要的是由于工业企业间存在着生产联系，主要是原料、燃料和辅助材料之间有着密切的协作关系，这决定了企业厂内道路网的布局，也影响着道路网的布置。

与总平面设计的关系。

对于工业企业建设来说，在进行初步设计阶段之前，会做出一个总体规划，总体规划会对企业的生产规模、产品纲领、建设项目、原燃料的来源、水电供应、内外部运输方式、企业内各部分组织的位置和相互关系有一个总体的考虑和安排。总平面设计是按总体规划的区块分别进行设计的，如厂区总平面布置，居住区总平面布置，厂外独立设施总平面布置等。总平面设计是合理地把企业的不同设施布置到已确定的厂址上，根据企业的生产性质、生产规模及工艺流程等要求，来确定一定数量的生产车间、辅助生产车间、仓库、行政办公及生活福利等建筑，对厂内各项工程设施进行统筹安排和合理规划，处理好总体与局部、近期和远期、人流与物流、地上与地下、平面和竖向、内部与外部的关系，从而保证工业企业能够长期达到满足生产流程、能够充分利用现有场地、有利于厂区的改建、扩建等目的，最终取得良好的社会效益、经济效益和环境效益。

总平面功能分区的确定，对工业企业内的道路网规划有直接的影响，主要包括工艺流程、人流关系、物流方式。而不同的道路类型把建、构筑物连在一起，构成了企业的道路网。因此，在进行总平面布置时一定要使道路系统布局合理。

工业企业的生产工艺流程。

搞好总平面布置是为了给企业创造良好的生产条件，使企业在良好的环境中进行经济合理的生产。要满足生产要求，使厂内物流运输通畅，生产作业线短捷顺畅，并使加工和运输有机地结合，实现在运输过程中进行加工，在加工过程中运输，就必须合理选择厂内的运输方式，因此要了解道路运输所占的比重和作用，了解使用道路运输的生产原料的种类及来源，生成成品的性质、运输量、去向和服务对象。不同性质的企业，其生产工艺流程也不同。

工业企业的人流分析。

工业企业生产需要大量的劳动，在企业内人流一般就是指自行车和行人的通行。工厂的人流不仅往返于出入口和工作地点，还与食堂、医务室、办公室、浴室等有联系。因此，在布置道路时要考虑合理的人流组织，人流量大的道路要设置专门的人行道。厂内人流量特点是在上下班的一段时间内呈现高峰期，时间比较集中及流动方向基本一致。某些企业会全天生产，会有二、三班倒的现象，但是大量的货物运输主要还是集中在白天，和社会相适应。

合理地解决厂内人流路线，首先要能满足生产、管理、生活福利等各方面的要求，做到人流路线短捷顺畅，尽量减少与货运路线有交叉点；其次要保证安全的要求，在车流量频繁的主干道设置单独的人行道或者步行小路；最后要能满足厂区工作人员的精神方面的要求，工人在厂区工作单调，对厂区环境四维空间的感受有相应的要求。因此，工厂内人流的流向、流量及通行时间，是工业企业道路设计所考虑的一个因素。

工业企业的货流分析。

工业企业在生产过程中各车间顺序连接，形成的货物流水线即成为货流。货流包括货物的运输量和货物运输的方向。对于以道路运输为主的厂区，货物的运输是在厂区道路上实现的。因此，道路的布置首先要满足全厂的工艺流程，亦即全厂物料流程。据资料表明，物料的搬运费用通常占工厂生产费用的5%~90%,平均约为25%。道路的布置要使物料在流动过程中,无返折,无迂回,同时也降低运输成本,增加生产效益。

厂区以道路运输为主时,必须对全厂的货流及人流进行分析,明确其流向。在进行布置时,人流和货流的方向宜相反且相互平行进行布置,将人流的出入口和货流的出入口分开,尽量避免交叉。对于小型企业,货流量和人流量都很小时,设计道路时可将其合并。

(3) 与竖向设计的关系

工业企业厂区竖向设计的任务是根据厂区的自然地形地物、工程水文地质、工艺流程要求、厂内外的运输、工程管网的布置、施工方式等条件,选择合适的竖向布置系统,合理地确定场地、各种建、构筑物的设施、道路、铁路和有关挡土墙、台阶的设计标高。竖向设计是否合理,直接影响到整个场地的使用性能发挥程度及整个工程项目的经济、社会效益。

厂区及道路等竖向设计是依据建、构筑物进行竖向设计。首先将建、构筑物的设计高程作为一个主要控制点,来确定道路中心的设计标高。而建、筑物的室外地坪标高的确定,则以与建、构筑物四周相邻的道路设计标高为基础,增加适当的高差来实现。

在进行厂区道路规划和设计时,因地制宜,合理利用厂地的地形高差,并且配合厂区的竖向设计,形成合理的道路联结体系,来改善厂区的运输条件。例如,当厂区采用阶梯式布置时,厂区道路布置应使各车间之间联系方便,当设置的干道和车间高差很大时,可采取延长支路的办法解决。

道路的竖向设计在总图设计中起着重要的作用,由于整个厂区的竖向设计基本上是由道路的竖向设计来控制的,厂区道路竖向布置的科学性,是厂区道路设计的关键问题。道路竖向设计的目的是确定合理的道路纵坡,确定各个边坡点及道路交叉口的设计高程,对道路纵坡度进行不断调整,从而达到各段道路及整体优化。

(4) 与各种工程管线的关系

工业企业需要敷设的管线种类很多,但因企业的性质、规模和当地的条件而不同。一般,煤炭、电力、建材、纺织、轻工、机械加工等企业所敷设的相对较少;石油化工、冶金等企业敷设的管线种类相对较多。例如一座中型钢铁联合企业需要敷设50多种,长约1000km的户外管线,并且这些管线性质、用途、管径、压力等各不相同,因此在敷设时,应处理好与道路的相互关系。各种工程管线一般是平行于道路进行敷设,在进行道路设计时,要考虑将各种管线进行综合设计,管线的敷设是按照类别相同和埋深相近的原则,合理集中布置在道路两侧的绿化带、人行道及路肩下面。这就需要规定道路的形式、荷载强度及具有一定的安全运输要求。

2. 厂内道路运输的特征分析

(1) 道路运输概述

道路运输作为工业企业内的主要运输方式之一,应用也越来越广。道路运输具有方便灵活、可装运各种生产使用的原料、燃料、半成品及成品的特征。厂内道路系统不仅承担厂内货物运输、人流运输、消防通行的重要任务,同时还是划分厂区功能分区的骨架;同时,道路系统的布局对工程管线的铺设、排雨水设施的布置、厂区绿化美化及其他相应附属设施的安装等也具有很大的影响。

（2）厂内道路的运输

车辆道路设计中，汽车的外形尺寸、载重量、运转特性等是道路设计的依据。厂矿企业汽车运输中，所使用的汽车的类型很多，如载重汽车、拖挂车、自卸汽车、罐车和其他各种生产用车等，它们的外形尺寸、载重量、性能、车速等各异，因此，安全行驶所需要的路面宽度、路面结构强度和桥涵的承载能力也不相同，这些都对道路所选用的技术标准有全面的影响。因此要做好厂内道路首先要合理确定设计车辆，一般设计车辆以经常通过设计路段的最大车型为标准。另外，在厂矿企业内部道路网，根据道路等级及用途的不同，不用的路段可以选用不同的设计车辆。厂内道路行驶的运输工具以货运汽车为主。在厂矿企业中，对于不同的物料适宜选用不同车型，如表2-1所示。另外汽车的选型应结合具体的条件，尽可能地选用重载、专用、自卸的大型化汽车，满足生产工艺及运输量的要求，且有利于环保，较少对厂区的环境产生污染。

表2-1 不同货物的适宜车型

场内货物的种类	适宜选用的车型
大宗散装物：如煤、焦炭、煤气、炉灰渣等	大容积的自卸汽车
大宗撒状物：如矿石、废钢、生铁等	7t以上的自卸汽车
笨重的货物：如钢锭、钢坯、设备	重型平板汽车或载重汽车
高温的货物：如高温锰铁、热钢渣等	7t以上的厚壁钢板车厢自卸汽车
高温超长货物：如长钢材等	平板、7t以上车厢半挂全挂汽车
液体货物：如油类、酸类	槽车或罐车

在进行道路设计时主要考虑单挂车的行驶条件，而厂内运输中的轻型机动车、电瓶车和职工上下班时的自行车，道路设计也应考虑。

（3）厂内道路设计

车速道路几何设计所采用的行车速度被称为计算行车速度。工业企业厂内道路的行车速度一般小于城市交通，这主要和厂内道路路线相对较短、交叉口较多、行车视距小等因素有关。厂内货运速度一般为15~20km/h，而从最佳通行能力和交通安全两方面考虑的话，最高速度也不应超过20~25km/h。

（4）厂内道路交通量

交通量是指单位时间内通过道路某一断面的车辆数，一般用辆/d或辆/h表示。

厂内道路的通行能力一般要远小于城市道路。交通量的大小，对于确定道路的路面宽度、路面结构设计等具有重要的影响。但对于某些企业来说这并不是决定因素，例如像油类、危险品等生产车间或者仓库，因其物料的特殊性，虽然物流量不大，但是需要设置专门道路。另外，企业比城市在通行量的不均匀变化上表现得更为明显，大型企业在上下班时间职工的大量出入，在厂区主干道上会有交通量的高峰出现，且企业在基础建设阶段，大宗设备、施工材料的运输货运量比企业正常货运量高出1~2倍。此外，不少企业正在逐期扩建，这些在道路设计时应加以考虑。

厂区的交通量一般以道路运输量为主，而道路的使用中则以载重车为主，且人流和货流的方向最好相反且相互平行布置。在编制车流量时，应选用最优路径、缩短运行距离、减少运行时间；货流量大的与人流量大的要分开，尽量避开车流、人流大的铁路道口；大型的装卸车应尽量不经过生产管理区。供车流运行的道路技术条件应满足该车型的运行要求。

然而，现代工业企业厂内道路交通特点的突出变化是人流中相应增加了小汽车的流量，因此在进行道路设计时，主要考虑这一因素来进行横断面规划及道路路面宽度的计算。在以往的设计中，主要以货运车辆的流量来决定路面宽度，而现在新建的企业不配备相应的货物运输车辆，货物的外协运输由专门的运输部门承担。另外，汽车载重吨位趋向大型化，行驶在一般道路上的汽车吨位多达15t，运输次数在减少，道路上运输的货流分量相对减少，而人流分量相对增加。

（5）厂内道路运输与厂外运输的衔接

厂内运输方式的选择一般影响厂外运输方式的选择，选择时应相适应，考虑原材料的来源方向和成品的去向，尽量减少物料的倒装作用。例如厂内的一些机修车间、铸造车间的原材料的运输，在厂内主要以汽车运输，从厂外运输过来时应优先考虑道路运输。厂内道路运输的出入口，应和厂外的公路或市政道路连接方便，尽量减少路线的迂回。在进行道路竖向设计时，主要以厂区道路出入口的设计标高来定整个厂区的，而出入口标高根据厂外市政道路来定，因此在道路规划时，要考虑与厂外运输的衔接。此外，厂内道路运输要和铁路、管道、胶带等其他运输方式处理好关系，尽量避免交叉，尤其不要与繁忙的铁路运输和道路运输相交叉。

（二）铁路运输

传统的重工业企业大多数都会采用铁路运输，铁路运输具有运量大、运输能力强的特点，铁路运输受气候和自然条件影响较小，运输稳定性高。铁路运输有多种类型的运输车辆，承运货物不受重量和容积的限制，尤其对于具有一些特殊性质的物质（例如铁水），铁路运输是最佳运输方式，但是铁路运输占地面积大、基建费用高、机动性差。

1. 工业企业铁路专用线的管理方式和交接方式

（1）管理方式

合理确定工业企业铁路专用线的管理方式，可以减少工程投资，提高运输效率，降低运输成本。目前，工业企业铁路专用线的管理方式有两种，一种是铁路局统管或代管；另一种是企业自管。所谓铁路局统管就是企业铁路建好后，将铁路产权及设备全部移交给铁路部门，由铁路局负责维修和管理，铁路部门统一纳入铁路局的运输系统，实行统一管理、统一指挥、统一调度。铁路局代管是指企业铁路建成后，委托所在铁路局代为运营、养护、维修。企业定期向铁路局缴纳养护、维修费用，企业铁路产权没有交给铁路局。企业自管是企业铁路自成系统，自行管理，铁路局机车不进入企业铁路专用线，只在交接站办理交接作业。

企业管理铁路采用哪种管理方式，主要取决于企业的生产性质，如企业内部是否主要采用铁路运输方式，其复杂程度及企业生产和铁路运输是否紧密结合等。一般钢铁企业，钢铁工业生产程序多，厂内运输复杂，运输过程中交叉干扰大，企业生产流程对铁路运输有严格的时间要求，通常宜采用企业自管。也有一些钢铁加工工业，如专门的炼钢厂或轧钢厂，厂内运输比较简单时，也可采用铁路局统管或代管。针对龙成集团南阳汉冶特钢厂的具体情况进行分析：该专用线分为厂外专用线和厂内专用线两部分。厂外专用线主要承担龙成集团生产所需的原材料和成品钢材的运输任务，根据厂外专用线的运输特点、运量水平、西南线的现状及规划，考虑路厂双方的意见，龙成集团厂外专用线管理方式宜采取郑州铁路局代管模式，郑州铁路局各相关部门负责厂外专用线的日常运输和维修工作；厂内专用线主要承担龙成集团厂区钢水及成品钢材的运输任务，考虑到其特有的工艺流程，为方便企业生产管理，厂内专用线管理方式宜采取自管模式，由龙成集团自行负责厂内专用线的日常运输和维修工作。

（2）交接方式

工业企业铁路的交接方式有两种：货物交接和车辆交接。货物交接是铁路与企业间仅将货物移交给对方；而车辆交接是铁路和企业间将货物和车辆一并移交给对方。当铁路局统管或代管时，一般采用货物交接；当企业自管时，企业备有机车，担当车辆辅助推送及其他调车作业，此时，路厂间实行车辆交接是比较合适的。但同一种体制并非只能采用一种交接方式，要根据具体情况而定。如企业自管时，轨距不同，则可采用货物交接；有些钢铁厂，对大宗燃料采用在工业站的翻车机卸货，路厂实行货物交接，其他入厂车流仍实行车辆交接。采用哪种交接方式，主要取决于企业的生产性质、工业企业的铁路运输复杂程度及生产和运输是否紧密关联等因素。因此，在工业企业铁路专用线设计时，应在调查企业内部生产和运输的基础上，抓住主要矛盾，全面分析，合理选定交接方式。

2.工业企业铁路的接轨位置和接轨点的选择

（1）接轨位置

工业企业线的接轨位置要取决于工业企业线的位置和条件，但影响的因素很多，如运量、地形、地物、地质及取送方式等对接轨位置都有很大影响。工业企业线的接轨位置有以下几种情况：

工业企业线在铁路正线接轨。

根据相关规定，特殊情况必须在区间内接轨时，应在区间接轨点设置车站（线路所），以保证区间的通过能力和作业安全。如接轨点离车站不远，且工程量不大、条件允许时，将工业企业线在站内正线上接轨，这种情况只有在次要干线及支线上，当岔线运量不大，取送车次数不多，或者条件所限的情况下，才有考虑的必要。因为如果接在繁忙的干线上，对于线的通过能力影响较大，站内作业机动性差，在主要干线上与站内正线接轨应尽量避免。

工业企业线在站内到发线接轨。

这种形式采用得比较普遍。专用线列车可直接在车站到发线上到发，作业快捷，但当工业企业线运量较大时，作业次数较多时，必须考虑车站咽喉保证必要的平行作业进路及足够的车站股道数，以免对车站正常作业造成重大影响。

工业企业线在站内牵出线和编组线上接轨。

牵出线上接轨，一般情况下可利用中间站的牵出线上出岔。对作业不太繁忙的区段站、编组站，当岔线运量小，取送车次数不多时，也可考虑利用既有牵出线出岔。

编组线上接轨，当工业企业线运量很小，取送车次数少或受其他条件限制时，可考虑在编组线上出岔。另外，如编组线能力富裕或者在编组场内专门固定几股为企业线专用，而且工业企业线内有自备机车来站内取送时，也可考虑在编组站上出岔。

不管在牵出线上或编组线上接轨，工业企业专用线取送车均按调车办理。

（2）接轨点的选择

工业企业铁路专用线的设计，选择接轨点和接轨方向是首先需要解决的问题。如果接轨点选择恰当，布置合理，不仅可以满足运输，还有利于厂矿企业的发展；如选点不当，就会严重干扰运营，甚至改建困难。因此，接轨点的选择是铁路专用线设计中重要的一环，也直接关系到企业的经济效益。工业企业铁路专用线接轨方式很多，但影响接轨方式的因素也很多，除了地形、地貌、既有建筑物与设计因素外，还与货流方向、厂址位置和总体布局等因素有关。铁路接轨点的选择一般应考虑如下几点：

应考虑接轨方向与主要货流方向一致，使作业简化，尽量避免车流在路网铁路或厂内铁路的折角和迂回运输。

应使货物的运输尽量不占用国家干线的运输能力或不经过国家铁路干线而直接送进企业，避免与国家铁路行车和车站作业互相干扰。

应考虑在铁路网中的地位。尽量靠近大量货物入口或出口的地点，使企业的原材料来源和产品流向与其总布置和生产流程相适应。

如企业专用线在工业企业专用线上接轨时，选择接轨点首先应调查清楚企业专用线的技术标准、运输能力及运输组织方式等，使企业铁路专用线设计既能满足初期运输的要求，又能满足工业企业进一步发展的运输要求。

接轨点的选择应保证铁路专用线路径力求短捷，基础投资要省。同时还应使铁路运营里程最短，年运营费最省，降低运输费用，提高经济效益。

（三）管道运输

管道运输是用管道作为运输工具的一种长距离输送液体和气体物料的运输方式，目前通常输送石油、煤和一些化学产品。管道运输具有运量大、运输连续、迅速、安全、平稳、占地小、费用低的特点，并且其运输过程可自动控制，减少运输人员的支出。但是，管道运输对货物的性质有一定要求，目前只有一小部分货物可以采用管道运输。随着科学技术的飞速发展，管道运输物资由石油、天然气、化工产品等流体物质逐渐扩展到煤炭、矿石等非流体物质。

管道运输是封闭式运输，在正常运输过程中不会产生污染，管道运输消耗电能，电能相对于柴油、汽油较为清洁，对企业周围生态环境产生的污染较小。管道运输设备构成复杂，工业企业内部的管道运输布置一般由工艺设备专业根据设计资料进行设计，有地上敷设和地下敷设两种形式。

1. 管道运输的特点

其主要优点就是运量大，一条输油管线可以源源不断地完成输送任务。根据其管径的大小不同，每年的运输量可达数百万吨到几千万吨，甚至超过亿吨，而且其不仅运量大，占地面积还少。由于其通常埋于地下，埋藏地下的部分占管道总长度的95%以上，因而对于土地的永久性占用很少，分别仅为公路的3%，铁路的10%左右。

其次就是建设周期短、费用低。据相关资料显示，管道运输系统的建设周期与相同运量的铁路建设周期比，一般来说要短1/3以上。也就是说如果建设一条同样运输量的铁路，至少需要3年时间，而修建天然气运输管道的话，预期建设周期则不会超过2年。而且管道建设费用比铁路还要低60%左右。

再者就是管道运输耗能少、成本低。据了解，在大量运输时，管道运输成本与水运接近，因此在无水条件下，采用管道运输是一种最为节能的运输方式。而且管道口径越大，运输距离越远，运输量越大，运输成本就越低。管道运输、水路运输、铁路运输三者的运输成本之比为1:1:1.7。

除此之外其还安全可靠、连续性强。像石油这类易燃、易泄漏物品，采用管道运输方式的话，既安全，又可以大大减少挥发损耗，同时由于泄漏导致的对空气、水和土壤污染也可大大减少。由于其基本埋藏于地下，所以其运输过程受恶劣多变的气候条件影响小，可以确保运输系统长期稳定地运行。

2.管道运输的分类

（1）原油管道

原油运输的主要方式有：陆路运输和水路运输两大类，一般来说，水路运输的综合费用低于陆路运输，在有条件的情况下可优先采用水路运输。陆路运输方式包括管道、铁路、公路等，由于公路运输所使用的汽车罐车规模小，综合费用较高，通常不作为大宗油品的运输手段。因此，原油的主要运输方式为管道运输和铁路运输。

由于管道运输具有受气候及外界影响小、运输成本低、运输损耗少、安全性高等优势，尤其适合长距离运输易燃、易爆的石油天然气，因此，逐渐成为石油天然气运输中普遍采用的运输方式。管道运输由于采用密闭输送，大大减少了蒸发损耗，一般情况下管道运输损耗小于0.25%，而铁路运输损耗在0.5%以上。国内原油绝大部分通过管道运输。

（2）成品油管道

截至2018年4月，根据中华石油天然气项目数据库、油气项目分布图和行业报告收录统计，全国已建成品油管道近3万千米，已建、在建和规划中的各级成品油管道共计423条。其中，东北地区35条、西北地区47条、华北地区77条、华中地区55条、西南地区46条、华东地区50条、华南地区92条，省际21条。这些管道主要隶属中国石油和中国石化，形成两套独立的成品油管网。

中国石油成品油管网主要以西部成品油管道、兰成渝、兰郑长、港枣和锦郑等输油干线为骨架，辅以沿途各省、直辖市、自治区的注入或分输支线，在中国西北、川渝、华北、华中地区形成联网。中国石油还在黑龙江、吉林、内蒙古、广西和云南建有独立的成品油管输网络。

中国石化成品油管网目前主要包括鲁皖系列管道和西南成品油管道等干线，以及各省、直辖市、自治区的省内干线，形成华北、华东、华中、华南及西南各省、直辖市、自治区的输油管道联网。

根据国家发改委印发的《中长期油气管网规划》，到2020年，全国油气管网规模将达到16.9万千米，其中原油、成品油、天然气管道里程分别为3.2万、3.3万、10.4万千米；到2025年，全国油气管网规模达到24万千米，其中原油、成品油、天然气管道里程分别为3.7万、4万、16.3万千米。

（3）煤浆管道

煤浆管道输送可以作为除铁路、公路、水路输送的另一种重要的煤炭资源输送方式。管道输送具有投资相对较低、对环境影响小、受气候影响小、输送成本低等优点，而且目前国内的煤浆应用技术已经达到国际一流水平，并且在沿海一些省市得到了较好的推广，经济效益明显。如果煤浆管道输送方式得到推广，目前国内煤炭货运对铁路运力要求的压力将得到很大的缓解。

（四）皮带运输

皮带运输是借助一条环形运转的皮带承载并输送物料，是一种连续装卸机械，以连续、均匀、稳定或间歇的运输方式，沿着一定的路线来装卸和搬运散料或成品物品的一种运输效率较高的机械化运输方式。皮带运输具有输送量大、运输连续、稳定、输送效率高、占地面积小、受地形限制小的特点，但是皮带运输仅限于运送大宗散碎物料，适用性不强。

皮带运输消耗电能，当输送一些颗粒粒径较小的物质时，一贯采用封闭式管廊运输，防止在运输过程产生过多的粉尘对环境产生污染，开放式运输方式一般都是运送体积较大、不易对空气产生污染的物质，因此，皮带运输对环境产生的污染也较小，与管道运输类似。

皮带运输与管道运输相似，都属于机械化运输，其设计布置都是由工艺设备专业进行。皮带运输在设计过程中要注意中转站及皮带输送角度的选取设计。

三、工业项目与民用项目中总图设计差异

总图运输设计，通常称其为总图设计，诞生于社会主义工业革命和计划经济的年代。从中华人民共和国建立初期的工业大建设，到如今的全面脱贫奔小康、实现中华民族伟大复兴的时代，总图运输专业不断发展，设计领域逐渐拓宽，从冶金、化工、机械、电力、航空等工业行业，到住宅小区、医院、学校、商业、办公等民用建筑行业均有涉足。

随着我国城镇化进程的加快，以及设计院业务范围的拓展，越来越多的工业项目位于工业规划产业园区、城市工业开发区，项目需要工业设计院报规划局批复；随着社会的发展，项目甲方对厂区的景观设施、生活环境越来越重视，工业项目中的生活区和一些工艺较为简单的工业项目也有民用建筑行业的设计院参与进行设计。因此，在不同项目领域里，需根据工业项目和民用项目各自不同的侧重点做好总图运输设计。

（一）考虑因素的不同

总平面布置方案、竖向布置、土方计算，都直接或间接地影响着工程初期建设成本和后期运行成本。

首先，厂址选择应符合国家的工业布局、城镇（乡）总体规划及土地利用总体规划的要求，考虑外部运输条件，建设的地质、水源、电源条件，当地土地利用现状与规划情况、产品流向、占地拆迁、施工条件等因素，并满足生产、运输、防震、防洪、防火、安全、卫生、环境保护、外部防护距离和职工生活的需要，进行多方案技术经济比较后才能确定厂址。

以某工业项目的厂址选择为例，厂址方案一距离港口约200km，厂址方案二就近港口布置，通过对原料、产品运输成本、交通水电等基础设施建设成本，运行维护费用、人员交通便利等综合因素分析比较后，推荐适合的厂址，为确定厂址提供数据、社会影响、成本经济可靠性的分析报告。

其次，总平面布置应在总体规划的基础上，根据工业企业的性质、规模、生产流程、内部

交通运输、环境保护，以及防火、安全、卫生、节能、施工、检修、厂区发展等要求，结合场地自然条件，经技术经济比较后择优确定。应充分利用地形、地势、工程地质及水文地质条件，布置建筑物、构筑物和有关设施。在总平面布置时，还应考虑场地内未来发展用地与一期工程之间的联系，统筹考虑。

以某工业项目的总平面布置为例，设计依托工艺流程，考虑场地内各建构筑物之间的安全防护距离，良好洁净的生产环境，充分利用地形高差进行总平面布置，减少了皮带通廊爬升角度和运输距离，节约厂区用地，物料运输快捷，有效地减少了场地土石方工程量，并降低了工程运行成本。

在民用项目领域里，由于项目用地多是在规划区的红线范围内布置，总图设计从方案阶段开始，除了考虑地块内建筑之间的功能布置、人员交通组织、景观与环境分析等因素，还要满足地块用地的各项规划用地指标，包括建筑性质、建筑面积、建筑高度、容积率、绿化率、配套指标户数、停车位（机动车与非机动车）数量、雨水控制与利用工程、与周边建筑的日照间距、安全防护距离等多方面的要求。总平面布置还应满足建筑退界退线、交通组织（车流、人流、辅助物料货流、消防车流等交通流线）、场地开口宽度及与市政道路连接方案、场地开口与市政道路交叉口距离、消防通道、消防扑救场地布置等要求。同时，竖向设计要考虑地块内场地与周边道路、绿地之间的标高关系，考虑场地排水、洪水标高等因素，并考虑红线内的管线与市政管线接驳情况，为管线接驳预留条件。

以某民用项目为例，从收集市政道路、管线接驳点位、管径、标高等市政条件，以及用地订桩图、地块的规划条件着手，考虑场地与外部道路衔接的标高关系，当地洪水水位，场地开口方位及尺寸，在满足用地内各建筑合理布局及场地内外的各建构筑物的安全距离、消防扑救场地、管线敷设用地的设置后，结合"交通分析报告"和"绿色建筑设计指导"调整绿地、下凹绿地、道路广场的透水铺装布置。在满足规划条件的情况下，使得总平面布置做到最优，也为后期景观专业的详细设计提供准确的设计方向。

（二）规范标准应用的不同

在工业项目的总图设计中，除了满足《工业企业总平面设计规范》《建筑设计防火规范》《工业企业设计卫生标准》等通用的国家规范、标准外，还要满足项目所在行业的相关规范、标准、设计准则。比如石化行业的《化工企业总图运输设计规范》《石油化工企业设计防火规范》，有色金属行业的《有色金属企业总图运输设计规范》《有色金属工程设计防火规范》，电力行业的《35~110kV变电所设计规范》《变电站布置设计技术规程》等。不同的工业行业中也会遇到共性的问题，比如厂区内涉及一些危化品的设计需要参用《常用化学危险品贮存通则》等。

以某工业项目为例，项目为某采矿厂设计，除了应满足通用的国家规范、标准和行业规范外由于项目为露天采矿，需储备一定量的炸药和民爆器材，进行炸药库设计，需根据储存量满足《民用爆破器材工程设计安全规范》和《爆破安全规程》的相关要求，考虑炸药库和起爆器材库的内、外部安全距离、防护屏障，进行炸药库的总图设计，使其满足企业的生产需要，并将安全生产要素放在首位。在民用项目的总图设计中，除了满足《民用建筑设计统一标准》《民用建筑设计通则》《建筑设计防火规范》《无障碍设计规范》等国家规范外,还要满足项目所在领域的行业规范、标准、设计守则等,以及项目所在省(自治区、直辖市)的控制指标要求、计算规则。从设计内容划分,绿地设计需满足《城市绿地设计规范》,雨水控制与利用设计需满足《海绵型建筑与小区雨水控制及利用》《建筑与小区雨水控制及利用工程技术规范》。从建筑性质划分,住宅小区设计需满足《城市居住区规划设计规范》,车库设计需满足《汽车库、修车库、停车场设计防火规范》。从地方区域划分,比如北京地区项目需满足《北京地区建设工程规划设计通则》,江苏省的地区项目需满足《江苏省城市规划管理技术规定》,天津地区项目需满足《天津城市规划管理技术规定》等。

以不同地域的民用项目为例,不同地区除了对地块规划条件的要求不同外,对绿地的计算规则方法也不同,不同的覆土深度和折算比例均需按当地技术规定进行计算。建筑之间的日照间距、建筑之间的最小距离,根据地区的不同会有特殊要求。在总平面布置时,需仔细研读当地设计细则,并在前期设计时多与当地规划局进行沟通交流,使得总图设计在方案阶段时做到准确,避免项目正式报规划局时发生方案的大调整。

(三)设计阶段划分的不同

在工业项目中,设计阶段划分为预可行性研究(依项目规模和业主要求进行设计)、可行性研究、方案或初步设计、施工图设计。某些项目在预研前,需根据国民经济和社会发展规划,结合行业和地区发展要求,提出项目建议书,选定厂址;在勘察、实验、调查研究及技术经济论证基础上编制可行性研究报告。其中,预可行性研究,是对项目方案进行的进一步技术经济论证,对项目是否可行进行初步判断,对项目能否立项提供决策咨询;可行性研究是在项目建议书被批准后,为判断项目在技术上和经济上是否可行所进行的科学分析和论证,为建设项目投资决策提供咨询服务,经过多方案比较,选择最佳方案,解决市场、风险、效益的关系,确定产品、决定项目是否可以进行建设。初步设计,是根据可行性研究报告的要求所做的具体实施方案,阐明在制定的地点、时间和投资控制数额内,拟建项目在技术上的可能性和经济上的合理性,并编制项目的总概算,为施工图设计做好准备工作。

在民用项目中,设计阶段通常划分为方案设计、初步设计、施工图设计。除了设计阶段提交成果外,还要配合完成政府规定的人防报批、园林报批、规划报建等工作。比如方案设计时的总图可供用地规划许可证或建设项目规划许可证报批时的附图使用;配合项目提交方案、初设和施工图不同阶段报人防工程备案的《人防平面图》;提交《绿地平面图》取得园林绿化审核意见的复函。

(四)图纸表达、专业内容的不同

在工业项目和民用项目中,总图图纸都要表达建构筑物名称、建筑内外部间距、经济技术指标表、建构筑物、道路中心、广场主要交点和转折点坐标、道路相关参数标注、指北针或风玫瑰图、室内外地面标高、室外综合管线等设计内容。提交的图纸包括区域位置图、总平面图、竖向布置图、粗平土图、管线综合图、场地大样详图等。但工业项目和民用项目的表达内容仍有所差异,主要区别如下。

在工业项目中,总平面图表达建筑轴线尺寸、建筑轴线轮廓线、建筑轴线距离、建筑间距；场地竖向设计多采用标高结合箭头的方式表达。提交的图纸还涉及厂址选择的方案布置图、总体布置图、铁路布置图、厂外道路平纵剖图等图纸。工业项目的设计说明文本中总图专业一般包括的内容有设计主要依据、设计范围、工程建设的规模和产品方案、厂址概述、公用工程、辅助工程及配套工程总平面竖向布置、管线综合布置、内外部运输量及运输方式、技术经济指标、主要设备、存在问题及建议，更多地体现了行业特点。

以某工业项目施工图阶段为例，该项目工艺管线较多，综合其他多专业室外管线，室外管线采用综合管廊布置，具有节约用地、方便管线检修的优点。施工图阶段提交的图纸包括总平面布置图、竖向布置图、粗平土图、道路布置图、管线综合布置图、室外管廊断面图、室外管廊剖面图、室外工程详图。

在民用项目中，总平面图要表达地上首层轮廓线、地下建筑轮廓线、建筑最大轮廓线、屋顶范围线、建筑轴线、建筑净距、建筑高度、建筑层数、建筑屋面标高、建筑一览表等内容；场地竖向设计多采用标高结合等高线式表达。提交的图纸还包括交通流线分析图、绿地平面图、雨水控制与利用平面图、消防平面图、人防平面图等配合报批报建的图纸。在民用项目的说明文本中总图专业一般包括的内容有场地概述、规划条件要点、总平面设计说明（包括周边交通条件、出入口设置、交通组织、停车位、道路体系和绿化布置）、竖向设计说明、管线综合设计说明、室外工程做法，主要是用文字方式对总图设计内容进行详细表述。

以北京的某民用项目为例，由于北京地区采取"多审合一"举措，将防雷审查、消防审查、人防审查合并纳入施工图审查范围，所以在该项目施工图设计阶段，总图提交的图纸除了通常提交的施工图外，还包括《消防平面图》《人防平面图》，以及根据北京市对加强雨水利用工程规划管理要求需提交的《雨水利用与控制平面图》。

第二节　总图运输的发展历程

一、中国工业的发展与战略演进

中华人民共和国成立70多年来，我国工业发展取得令人骄傲的成就，建成了全球最为完整的工业体系，生产能力大幅度提升，主要产品产量跃居世界前列，国际竞争力不断增强，出口贸易规模多年创世界第一，工业结构逐步优化，技术水平和创新能力稳步提升，成为世界第一大工业国。工业的跨越发展，奠定了我国强国之基、富国之路。

（一）工业经济实现跨越发展

经过中华人民共和国70多年特别是改革开放以来的发展，我国工业成功实现了由小到大、由弱到强的历史大跨越，极大地改善了人民群众的生活质量，为全球市场提供了丰富的物质产品。中华人民共和国成立后，党和政府高度重视工业建设，将经济工作重点放在工业建设上，钢铁、有色金属、电力、煤炭、石油加工、化工、机械、建材、轻纺、食品、医药等工业行业不断由小到大，一些新兴的工业行业如航空航天工业、汽车工业、电子通信工业等也从无到有，产业结构逐步升级。改革开放以来，通过建立健全工业生产体系和发挥劳动力比较优势，人民群众的衣食住行得到了极大保障，生活质量得到极大提高，出口商品结构由原来的以农副产品和资源性产品为主转变为95%以上为工业制成品，工业国际竞争力显著增强。

增强了基础设施建设能力，为提升综合国力发挥了重要作用。改革开放以来，制约经济发展的能源与原材料供应瓶颈问题得到缓解，与中华人民共和国成立初期相比，能源与原材料产业增长了上百倍，部分产品产量步入世界前列。能源原材料工业的发展为基础设施建设奠定了基础，促进了我国基础设施建设取得突飞猛进的进步。

提升了国民经济的技术装备水平，促进了区域协调发展。工业是技术密集度较高的行业。中国工业的发展壮大，尤其是改革开放后的快速发展，极大提升了产业发展的整体技术水平，为其他产业发展创造了条件，对我国产业结构和要素的优化配置发挥了重要作用。

吸纳和传播新技术，提升经济发展质量。人类社会几次大的飞跃都是源于工业革命，技术创新和技术进步赋予了工业推动人类历史进步的力量。在中华人民共和国，技术进步与工业发展几乎如影相随。中华人民共和国成立初期，我国引进苏联援助建设156项重点工程，迈开了中华人民共和国工业发展的第一步。改革开放后，我们更大范围地学习引进国外先进技术，形成了"引进—消化吸收—再创新"的良性循环，加速了中国工业化的进程。党的十八大以来，我国自主创新能力进一步增强，部分工业的技术水平接近或达到国际先进水平，部分行业技术处于国际领先地位。当前，新一轮科技革命和产业变革正在蓬勃兴起，我国工业发展展现的新态势、新业态、新模式，正在拉动工业发展不断向中高端迈进，新的竞争优势正在形成，为推动我国经济高质量发展、实现我国由工业大国向工业强国迈进增添了新动力。

（二）工业发展的战略演变与理论创新

回顾中华人民共和国成立70多年来工业发展的历程，每一阶段都面临着特殊问题，每一阶段的特殊问题引导的理论探索和战略方针又反过来指导中国工业发展战略。中华人民共和国成立70多年来工业的发展战略与理论创新，是在解决问题的不断创新、修正、再创新、再修正的循环中形成和发展起来的。

关于工业立国的长期战略。中华人民共和国成立后，党和政府就把发展工业作为经济建设的重中之重。改革开放后，党和国家工作重心转移到经济建设上来，我国采取一系列政策措施，极大地增强了经济活力，工业发展规划目标基本实现。但是在工业化进程中，出现了工业单方面推进，生态环境保护、科技创新相对滞后等问题。针对这些问题，我们结合国内外工业化经验和中国国情，提出走中国特色新型工业化道路。党的十九大报告提出，我国经济已由高速增长阶段转向高质量发展阶段，正处在转变发展方式、优化经济结构、转换增长动力的攻关期，建设现代化经济体系是跨越关口的迫切要求和我国发展的战略目标。经济发展实践表明，工业化水平的提高不仅是工业在GDP中占比的提高，而是要形成实体经济、科技创新、现代金融、人力资源协同发展的产业体系。建设现代产业体系是对工业化本质与内涵认识的升华。这些都与中华人民共和国成立初期发展工业的指导思想一脉相承。

关于部分行业、部分地区先行发展的战略。中华人民共和国成立初期，我国经济发展十分落后，加之西方国家的封锁形成诸多发展瓶颈。在当时的国内外环境下，中央做出了优先发展重工业的战略决策。重工业建设首先是建设钢铁、煤、电力、石油、机械制造、军事工业、有色金属及基本化学工业等。重工业优先发展奠定了我国工业化的基础，为后来工业化加速推进、建成完整的工业体系、培养训练科技人才及产业工人队伍，都发挥了重要作用。改革开放后，我们在工业发展布局时也采取了倾斜式发展思路，建立了沿海经济特区，开放沿海港口城市，把工业发展的重点向基础好的沿海地区倾斜，使一部分地区先富起来。随着工业化建设的推进，我国各地区形成了各具特色和优势的产业，工业布局逐渐优化。经济发展实践表明，作为一个大国，以先进行业和发达地区示范、带动传统行业和落后地区发展，有利于加快技术进步和要素流动，从而更好提升经济发展的潜力。这也是我国多年来坚持部分行业、部分地区优先发展的一个重要原因。

关于以创新促发展的战略。科技创新是拉动经济发展的根本动力。中华人民共和国成立初期，我们就吹响向科学进军的号角，初步建立了由政府主导和布局的科技体系。改革开放后，我国先后实施了"863计划""火炬计划"等一系列高科技研发计划，推行一系列科研体制改革，调动科研人员的积极性和创新力，科技实力伴随经济发展同步壮大，为我国综合国力的提升提供了重要支撑。党的十八大报告明确提出，实施创新驱动发展战略。科技创新是提高社会生产力和综合国力的战略支撑，必须摆在国家发展全局的核心位置。这是中央放眼世界、立足全局、面向未来做出的重大决策，也是对新型工业化道路的进一步阐述。党的十九大报告提出，创新是引领发展的第一动力，是建设现代化经济体系的战略支撑。科技创新具有乘数效应，不仅可以直接转化为现实生产力，而且可以通过科技的渗透作用放大各生产要素的生产力，提高社会整体生产力水平。实施创新驱动发展战略，可以全面提升我国经济发展的质量和效益，有力推动经济发展方式转变。总之，创新驱动已成为决定我国发展前途命运的关键、增强我国经济实力和综合国力的关键、提高我国国际竞争力和国际地位的关键，具有重要意义。

二、工业总图设计发展历程及要素组织

（一）工业总图设计发展历程

美国的理查德于20世纪提出了系统化布置设计方法，奠定了良好的基础性设施规划理论基础，他随后又提出了简化的系统化布置设计方法和系统化搬运分析方法。这一阶段，设施规划对于搬运和仓储的理论研究不断深入，数字化工厂等设施布置的理念提出后得到了广泛传播。西方发达国家坚持在工业工程学科下进行定量化的总图设计研究，设计人员往往通过一种模型或者一种算法即可计算出总图设计方案。在早期，总图设计方案优选是根据经验法定性分析或者简单分析一些经济指标确定的。

我国的总图设计自20世纪50年代开始，是参照苏联当时的工业企业总平面设计等有关理论建立的。我国于1952年创建了冶金部鞍钢设计处，这标志着总图运输专业的确立。为了适应从苏联引进的项目，国内很多设计单位和高校增设了有关设计专业，比如在1956年，西安冶金建筑学院就设置了工业运输学科，即为总图运输学科的前身。总图设计通过不断发展，成为我国工程建设中的一个独具特色的专业。化工部于1960年成立了总图运输技术中心站，总图运输专业得到阶梯式的提升。

目前，总图设计既有对总图理论的系统完善，也有对现有理论的应用研究。各国学者及设计人员将优化决策、模糊数学等数学理论和GIS等技术不断引入总图设计，取得了丰硕的成

果，总图设计方案优选也在量化工作方面取得飞跃和发展，比如在20世纪80年代出现的系统科学新理论——灰色系统理论目前已广泛应用于农业、工业等各种总图方案优选方面。

（二）工业企业总图设计中的要素组织

劳动力、劳动工具和劳动对象作为工业生产中的三大要素，是工业生产系统设计的重要基础。如何在生产流程中组织这三大要素是总图设计工作的要点之一。

1. 劳动力要素

劳动力概念在工业生产中是指持续或定期参与企业生产过程的人，简单而言就是指企业的员工。在生产过程中，劳动力既是生产流程的推动者和执行者，也是生产技术和劳动方法的有效承载体之一。在"以人为本"的设计思想指导下，劳动力要素在总图设计工作中一直占据着重要的地位，尤其是在劳动密集型企业中，更是如此。

劳动力要素对总图整体布局的影响主要体现为人在生产及生活中的不同需求，诸如环境需求、空间需求、安全需求、生活娱乐需求等。合理的总图布局必须考虑满足这些需求，为人的活动营造一种适宜的空间氛围。对于总图设计工作而言，了解劳动力的组成特性是非常重要的，比如职工总人数、男女比例、各工种人员比例、管理及技术人员比例、生产班制、住宿比例等，并需在此基础上对结构和流程中的劳动力要素进行合理组织。

对于空间结构层次上的劳动力要素，主要需要考虑设施、空间和环境方面的布置要求。与劳动力要素相配套的生活服务设施，主要包括办公楼、宿舍、食堂、活动室、活动场地、自行车停放场地、浴室等。在功能分区时，通常需要将这些以劳动力要素为中心的设施相对集中地布置在一起，并形成相对独立的厂前区。由于厂前区是一个以人为中心的集合，故其在布置时需要以人的活动和需求为主，比如宿舍之于环境、主入口之于交通、食堂之于就餐便捷等。因此厂前区的位置选择需要综合分析和考量厂区四周的环境、交通等诸多因素。通常情况下，厂前区需要布置在环境好、交通便捷，并与生产区有一定间隔的区域内，以便能更好地适合人对生活空间的要求，同时凸显其作为企业核心的区位概念。

厂前区内建构筑物的设置同样需要以人为本，比如：宿舍的布局需要满足日照要求并远离噪声及其他污染源；食堂面积及其布置需要综合考虑职工人数、就餐距离、就餐方式、食堂管理等因素；活动设施、休憩设施、景观要素等的配置需要满足人的特定活动需求。生产流程中的劳动力要素，主要需要考虑人流路线及劳动安全等。比如人流路线的设计需要做到人车分流并在主要通道上设置人行道以确保安全。在大面积的室外操作场地周边需要考虑配置休息棚和厕所，食堂宜集中或分区集中布置，尽量靠近人流集中、职工用餐方便、环境清洁的地段。

2. 劳动工具要素

劳动工具是指直接或间接的用于完成劳动任务的生产装备，是企业工作系统的重要组成部分，也是企业技术水平和生产能力的重要载体。在工业生产中，生产装备通常包括主要生产设备、辅助设备、运输起重设备和动力设备等。在现代企业中，劳动工具的技术装备水平通常是企业生产力的体现和产品质量的保证。目前，国内企业正逐步加大对具有核心技术水平的设备投资，以提升企业的综合竞争力。

通常单个设备只具有一种或几种的单项工艺加工能力，而在原材料到成品的输入输出过程中，原材料通常需要经过多道工艺过程的作用，才能形成最后的成品，比如在机械工厂内，铸锻件等原材料需经过粗加工、精加工、装配、试验、油漆、包装等多类工艺过程后方能形成最终产品。为此常需将各种生产设备按一定的生产原则和工艺方法进行组合，以形成特定的加工能力。常用的组织形式包括工艺专业化原则和对象专业化原则。工艺专业化原则是指按照生产过程的各个工艺阶段的工艺特点来设置生产单位，此原则下的生产车间往往集中了同类型的机械设备和同工种工人，运用的工艺方法相同，加工对象不同。比如锻工车间、车工车间、机械加工车间和装配车间等。对象专业化原则是把加工对象的全部和大部分工艺过程集中在一个生产单位中，组成以成品、零部件为对象的生产单位。比如发动机车间、叶片车间、转子车间等。该类车间通常封闭程度较高，尤其是中小产品的各种自动化生产线，可以在一个车间内完成由原材料到成品的转化，大大减少了车间之间的物流量。现代工厂通常采取的组合原则是混合式的，企业会根据其产品和工艺特性进行调整，力求生产效率最大化。

一台设备通常具有特定的生产能力、技术参数和生产环境要求等元素，而由多种设备根据一定原则组合而成的各专业化车间则是各种元素的集合，包括生产能力、环境要求等，也就是说这些专业化车间集合了各种劳动工具的属性。劳动工具的分配组合方式决定了这类车间的属性，而总图工作的基本布置单位就是这些车间建筑物。因此如何合理组织这些劳动工具属性的集合（专业化车间）是总图的重要工作。

通常情况下，工业生产企业大多是由多个不同属性的生产车间组成，这些车间之间的关系决定了这些车间在区域空间内的布置。生产联系紧密的车间通常靠近或联合布置，生产相互影响的车间则需彼此避开。总图设计时，就需要考虑这些劳动工具集合体的固有属性、生产的流程及组织方法，从而确定各车间的关系。通常生产流程，几个工序之间的前后顺序决定了车间的布置顺序。车间之间的联系主要体现在物流关系上，将物流联系密切的车间紧密布置可以有效地降低运营成本并提高生产效率。比如在大批量生产的汽车、叉车等工厂，常以总装车间为中心，在其周边布置各零部件的生产车间，形成辐射状体系，主要便是基于工艺流程及物料的联系性。

另外，由于劳动工具的特殊属性，总图设计中要考虑其对空间结构上的特殊要求。这类车间通常分为两种，一种是对于环境有特殊要求的，另一种是对环境有影响的。对于前者，通常需要布置在环境较有利的位置，比如洁净车间，应布置在不受振动、噪声影响，环境洁净的地段。同时需远离有粉尘等污染源的建筑物，并位于其全年最小风频的下风侧。精密仪器和设备等应避开锻工车间等能引起震动的车间。对环境有影响的车间，在平面布局时需充分考虑其特性，尽量降低或避免它对厂区其他车间造成的影响，比如在机械工厂设计时，通常将热工车间和冷作车间相对独立地进行布局，使热工区域远离厂前区，减少其对厂前环境的影响。另外重大型设备常对地质条件有要求，在总图布局时对于重型厂房需要充分考虑厂区各范围的地质情况，合理布局，以减少工程投资。

3.劳动对象要素

劳动对象包括所有在工作系统中随着劳动任务变化而改变的材料、能源和信息。劳动力和劳动工具是相对稳定的因素，而劳动对象（原辅材料、燃料等）在生产过程中是发生变化的因素。在生产系统规划时，需要充分考虑这些物料的属性。

·21·

在企业生产过程中，劳动对象在其变化过程中常被定义成原料、零部件、半成品、成品等各阶段性名称，以表明该物料的递进式的加工程度。不同的名称代表着不同的阶段，不同的阶段意味着不同的加工工艺方法，不同的加工工艺方法需要不同的设备、生产组织、人员、仓储设施等。故总图设计者需对各劳动对象要素的变化过程有清晰明了的认知，才能在设计过程中做到游刃有余。尤其对于现代大型企业集团，往往生产的产品种类多、批量大，总图规划时需要综合分析各产品类别之间的工艺相似性，合理地组织协调生产和管理关系。

劳动对象要素在众多方面影响着工业生产，也从其自身特性对总图设计的生产组织、物流仓储等方面提出要求。

（1）劳动对象要素影响着生产的组织

通常情况下，企业生产的产品品种、重量、制造劳动量、重复性及其在年产量纲领中的数量决定了生产的成批性。比如在机械工厂设计中，通常需要研究三种生产类型：单件和小批的，成批的，大批和大量。对于单件和小批的生产，生产厂按工艺专业化原则来组织，并采用通用设备，以保证一定的生产通用性和灵活性。大批大量生产中产品品种固定，产量较大，生产组织常采用流水作业法，生产的封闭程度较高。这些生产的组织方式，直接影响了总图的设计思路和规划理念。

（2）劳动对象要素决定了建筑的基本性质

通常物料的尺寸、重量、属性决定了其生产建筑的建筑火灾危险性类别、行车起重吨位、厂房高度、柱网和结构形式等。建筑属性的确定，明确了总图布置时所要重点考虑的间距问题。

（3）劳动对象的流动性决定了厂区的运输组织

劳动对象的流动是厂区物流规划设计的基础。在生产过程中，物料由原材料加工成成品，需要在各工艺环节间流动，流动物料的属性决定了所需采用的运输装卸方式、中转场地的大小和物流强度等。比如生产制造大型设备的企业，如船舶、压力容器、电力设备等，大件运输问题是总图所要考虑的重点对象。对于大型物件，设计时应考虑尽可能地少移动、不过跨，以节约运输成本。

（4）物料的储存是劳动对象要素空间需求的体现

工业生产企业的主要仓储设施包括仓库、储罐和堆场等。劳动对象的属性和生产过程中物料的变化状态是仓储设施布置的基础。不同属性的物料，有着不同的存储要求，对应着不同的储存方式。液态或气态物料，比如氧气、油料等常采用储罐储存；环境作用影响不大的物料常露天存放，比如钢材、矿石等。大部分物料需封闭式储存（室内），以保证生产对物料质量的要求。仓储设计时需综合考虑相关各要素，合理组织仓储配套设施与生产车间的关系，本着有利生产、有利管理的原则进行分合布置。同时需根据工业企业具体情况，合理采用先进的仓储设备和管理理念，逐步提高仓储的机械化程度和综合管理效能，使仓储成为企业竞争力的又一支撑点。

三、工业项目总图布置的重要因素

任何一个工业新项目，均需要前期的方案，前期的方案必不可少的是方案总图。总图的合理性能决定一个项目的质量，也能决定这个项目的可行性，甚至能决定这个项目的成效。总图的布置决定了项目的占地面积、决定了项目的土建投资、甚至决定了项目的配套设备、水、电等专业的投资；与周围环境、现场的合理性；场内各个环节的优缺点等。这些因素直接影响投资者最终是否投资实施此项目。

（一）工业项目总图运输和布置的基本原则

项目选址的主要因素。

对于工业项目而言，影响项目选址的因素众多，应根据该项目的实际情况结合项目周边情况，综合考虑。以下为项目选址的主要影响因素：

满足国家规定的生产、安全距离等要求；

满足国家环保要求；

满足当地区域的特殊要求；

满足该项目的原料、产品的运输便捷；

满足该项目其他配套设施的需求。

项目对周围环境及人群污染的影响。应考虑建设之前、生产之间、停止之后工业项目生产过程中不免会产生废气、废水、固体排放物及各种噪声等，对周围环境及人群产生污染和影响。

应根据污染源结合项目周边情况确定是否适合该项目的建设。应根据污染源采取相应措施减少污染排放。应考虑污染事件发生后的应急处理方案。应考虑多年后项目停止，该区域的再利用方向。不能只考虑眼前的经济效益，不顾及后期的破坏影响。

总图布置的考虑。

总平面布置。厂区内总平面布置要考虑生产工艺要求和安全要求，也要考虑以后发展要求，应做到功能分区明确，厂前区和生产区分区布置。基本形成生产区、仓储区、办公区，生产区应集中布置，应位于人员集中场所全年最小频率风向的上风侧，并位于散发可燃气体场所的全年最小频率风向的下风侧。生产装置应尽量按工艺流程集中布置，保证短捷流畅的生产作业线，以便于日常管理、消防和防爆区域的划分。仓储区应相对集中布置，并宜靠近生产装置和运输线路，公用仓库应按储存物品的性质分类储存。在布置产生剧毒物质、高温及强放射性的装置时考虑相应事故防范和应急、救援设施设备的配备并留有应急通道。厂区主要出入口应不少于两个，并宜位于不同方位。各建（构）筑物之间、各装置之间要符合安全防火间距和采光、通风要求。如果平面布置没有考虑上述要求，就达不到安全生产的条件，就会留下许多安全隐患。

竖向布置。竖向布置要满足该项目的生产、物流、运输、装卸对高程的要求，同时也要满足安全要求。竖向布置的不合理性，不但增加填方工程量，而且对物料输送、工艺布置、建筑物的通风、采光等方面产生影响，造成许多不安全因素。例如场地标高确定不当，雨水不能及时排除，建（构）筑物受雨水浸泡、冲刷，会造成地基塌陷、建筑物渗水，甚至受到洪水威胁；放散有毒有害气体的生产设备和高温设备布置在建筑物的底层，会污染上层空气，影响作业人员的健康；噪声与振动较大的生产设备不按规定安装在单层厂房内或多层厂房的底层，作业场所会受到噪声危害，振动不但影响建筑物的牢固，对作业人员还会造成振动职业病。含有挥发性的气体、蒸汽的废水排放管道若通过仪表控制室、休息室等生活用室的地面下，就不能防止有毒有害气体或蒸汽逸散至室内，危害人员健康。

道路。总图布置中道路的设置是十分重要的。厂内道路布置要满足运输、消防、安装、检修和雨水排除等的要求，道路宽度及转弯半径要满足生产运输车辆和事故状态下消防车辆的通行，否则一旦发生火灾等重大事故，不能实施有效的抢救，将扩大灾情。厂区已形成环形道路网，便于工厂运输和消防交通安全，避免人流物流互相干扰。生产区道路宜采用双车道，以满足错车要求。如果道路布置不按人流、货流合理组织，造成运输繁忙的线路与人流交叉、折返迂回运输，不但影响生产效率，而且容易引起厂内交通事故和危险货物泄漏、洒落，严重时会引起火灾爆炸事故和其他事故。

总之，化工企业建设项目在厂址选择和总图布置上具有重要的安全意义，它是保证安全生产"三同时"政策落实的重要内容，一个合理、有规划的厂址选择和总图布置不但为企业本质安全打下基础，而且为区域的安全和谐发展提供保证。

（二）工艺流程在工业项目总图布置中的重要性

1. 基本工艺流程

工业项目不同于普通的民建项目，工业总图的布置首先需要满足工艺的流程。从原料的来源方向，生产规模配备多大的储料场地，原料至主要生产车间或炉窑所途径的工艺流程，主要生产车间或炉窑的布置一般都是比较成熟、可靠的工艺系统。从生产车间或炉窑出来的半成品或成品经过后续工艺及配套工艺，最终的产品会进入产品库或堆场。

2. 优化的工艺流程

工艺的优化，首先是自身系统的优化，根据原料的实际情况，优化原料处理流程，减少不必要的设备及建（构）筑物。在满足工艺的前提下，尽量用成熟可靠的设备及合理的厂房尺寸，不做特殊、怪异的要求。其次需要对土建结构专业、设备厂家信息有所了解。知道结构跨度的合理尺寸、知道合理的结构类型，知道目前市场合理的设备参数信息，才能有据可依地省掉不必要的工艺步骤，才能知道哪里可以把工艺流程进行优化改进。

（三）设备厂家在工业项目总图布置中的重要性

1. 设备生产厂家的局限性

一般某个工业领域的诞生及更新，均能相应地带动一些配套的生产设备厂家，他们在前期需要多次的技术交流与沟通才能配合完成一个工业项目。待项目投产运行实现后，厂家一般不会再进行更多的技术优化和更新，因为凡是更新均需要投资，同时还需要设计单位的技术配合，更需要得到投资方的认可和使用。

2. 设备生产厂家的技术进步

随着社会发展的前行，随着原材料的技术进步，随着市场的更高要求，有发展眼光的厂家会根据市场的需求，结合专业领域技术去创新，去更新设备。让新一代产品有更高的生产效率、更少的运行成本、减少各种污染排放。设备的进步对该运用所在行业的项目有较明显的影响，在总图布置中也有较大关系。好的总图布置，不仅仅是布置合理，更是不浪费土地。

（四）土建结构在工业项目总图布置中的重要性

1. 结构专业能够决定总图的细节

总图的布置，是每个单体建（构）筑物之间的协调关系，建（构）筑物的平面关系除了满足相应规范外，在工艺的要求下，还应在满足基础不碰的前提下有最小的距离。再比如工业项目常见的皮带通廊，结构专业要知道通廊的底标高满足跨路过车、要知道跨度保证通廊支架不影响周边及道路等。这些都是能决定总图细节之处的因素。

2.结构专业对优化总图方案的重要性

每个优化总图的方案，都需要对原建构筑物的布置进行新的排列，尤其是一些特殊的构筑物，需要大跨度、大开间、深沟等特殊的处理。土建结构专业在布置时就需要权衡结构能否满足工艺的要求，即便通过特殊处理满足，那增加的费用是否比优化节省的费用少。最终的总图优化，是为了保证优化后减少投资、减少污染、减少资源浪费，让该项目更适合当前社会发展的需求。

四、工业企业运输影响因素

（一）大件运输与普通运输的区别

首先体现在运输对象体积与重量的差异，其他区别体现在以下几个方面。

大件运输要求严格。公路运输法规中的工程技术标准对于运输中的通行宽度、通行高度、拐弯半径等都做了明确规定。

在通行宽度方面，除了建设级别低的乡村公路、厂区公路以外，我国大多数公路的通行宽度是7m；在通行高度方面，除了较少低级别的道路以外，我国大多数公路通行高度是4.5m；在通行重载方面，除了低级别的乡村公路、厂区公路、老旧桥梁及规定载重的公路和桥梁以外，大多数公路及桥梁通行载重在汽车—20级挂车——100（按运输行业惯例可解释为20T/轴）。

运输前期准备工作多。运输前需要事先做好勘探、设计工作，然后通过与运输经过地的政府良好沟通，做好道路、桥梁的施工改造，这样大件运输才能顺利进行。

大件运输面临许多意想不到的费用。大件运输具有复杂性、非常规性的特点，这使得大件运输面临许多意想不到的费用。除了运输过程中的燃油消耗、卸载装运、道路通行费等，大件运输会遇到新建码头、桥梁，拓宽道路，加高空中建筑等许多特殊的工程，而这些工程的修建，包括运输后的拆除、还原，都会产生很大的开支。而为了完成这些工程，与有关部门的沟通联络也是一笔很大的开销。

（二）大件运输方式选择分析

大件运输方式主要有铁路运输、公路运输、水路运输及联合运输四种。大件运输方式选择需要结合大件货物的外形尺寸、重量、路线情况、运输成本、运输时间甚至运输时的水文气象条件等因素，灵活选择合适的大件运输方式。

1.铁路运输

铁路运输的好处：24小时执勤，非中断性、节约能耗、最大效率高，环境友好型，电气化使用水平高，抗自然灾害能力强；单位运输量占用资金规模小，周转快；单位产出量大。铁路运输的短处：大件货物的外形标准要求高，超长超宽超高的大件都不能使用铁路运输方式。

2.公路运输

公路运输的最大优点在于：实现门到门运输，公路运输可以直接实现从厂房到施工所在地的运输，省去了其他运输方式的倒运换装，从而节约成本。大件运输过程中，铁路或水路运输的末端环节，不可避免地也要由公路来完成末端运输。

3. 水路运输

水路运输最大的特点就是运费便宜。由于水路运输不用建设公路、铁路等基础设施，也不用考虑路障、桥梁的改扩建等，因此费用支出大幅减少。当大件运输的始终点之间有航道、码头时，应该优先考虑采取水路运输方式。水路运输的长处：货运承载量大，基础建设投资少，国土占用少，运费支出少。水路运输的短处：受自然条件和季节影响多，运输时断时续，运输效率低；另外水路运输的闭环性差，需要和其他运输方式结合使用。

4. 联合运输

联合运输方式是指大件货物运输采用公路、水路或铁路三种运输方式中的两种以上的组合形成的运输方式。避免了单一运输方式的不足，克服了运输过程中的种种障碍，形成了联合的运输优势。联合运输方式的缺点主要表现在运输衔接换装位置耗费的成本较高，换装的次数越多，该费用支出越多，因此需要考虑减少换装成本。

（三）大件运输路线选择分析

运输方式与运输路线之间相互对应，因此在运输方式和运输路线的选择上要结合考虑。在三种单一的运输路线中，水路运输对通行环境的要求最低，只要保证通行船舶符合河道的技术指标要求，水路运输的通行就能顺利进行；铁路运输的建筑限界是一定的，大件货物运输时只要保证铁路限界标准符合通行大件的要求，也能保证大件货物运输的顺利进行；公路大件运输在始终点之间有多条可选路线，每一条路线的通行环境都不同，排障费用也不同，选择最佳路线可以降低排障费用，缩短运输时间，实现大件运输效益最大化。不同运输方式对应的运输路线选择分析如下：

1. 铁路大件运输路线选择分析

大件货物运输过程中，存在着多种可能的运输路线，选择合理的运输路线主要遵循以下几个原则：

运输路线的建筑限界应以实际为参考保证运输安全，铁路建筑限界标准的更新速度较慢，而现实中我国的桥梁、隧道等建设标准发生了巨大变化，因此在选择运输路线时，应以实际限界为参考保证大件运输的安全。

避开繁忙路线，减少运输干扰。由于大件货物的超限运输，因此运输过程一般需要降速行驶，为了避免运输过程中对其他车辆行驶造成影响，以及保证运输安全，尽量选择非忙碌路线。

选择路线尽量短，减少运输时间。选择始终点距离短的路线，可以缩短运输时间，提高运输效率。

2. 公路大件运输路线选择分析

公路大件运输时，运输起点与终点之间有多种可能的路线可以选择。在保证大件运输安全的情况下，选择既经济合理又节约时间的运输路线，是公路大件运输路线决策的目标。大件运输受到政策法规的限制，在运输过程中，更要考虑所经沿途路线的道路、桥梁基本情况，满足转弯半径、载重标准等特殊要求。合理地选择运输路线需要满足以下四点要求：

沿途的净空要求。大件货物在运输过程中对沿途路径的净高和净宽都有严格要求。净高要求指的是沿途经过的桥梁、高压线、交通广告牌等的高度需要满足大件货物通行要求，净宽要求指的是路宽、路旁装饰物、交通广告牌、路旁建筑满足大件货物通行要求。

拐弯半径要求。超长的大件货物对路线拐弯半径有一定限制，转弯半径不足会造成大件运输车辆难以通过，甚至引发通行障碍，需高度重视。

公路最大坡度要求。公路车组行驶对坡度都有一定的限制，包括纵坡和横坡，坡度过高造成通行障碍，所以最大坡度是指超过这一坡度，车辆就无法正常通行的合理坡度。

桥梁负荷强度要求。大件货物一般也是超重货物，对路线的载重有一定要求，一般三级公路的桥涵负荷载重能力不够，需要另行加固或改建。除了以上要求外，大件运输路线选择中还需要考虑费用成本及时间成本，选择既经济合理，又安全高效的运输路线。

3. 水路大件运输

由于内河航道比较少，所以大件货物始终点之间可能仅存在单一的路线，这样选择水路运输路线就变得简单起来。如果选择水路运输路线，需要勘测航道沿线的通行情况是否满足大件运输的要求。如果存在其他可以选择的航道，则需要比较备选航道间的经济合理性。

（1）水路码头的设施配置

大件运输码头的基础设施配置是否能够保证大件货物顺利地装船、启运。

（2）水路航线条件

和陆地运输一样，大件货物船舶通行时，需要保证沿途满足通行高度、宽度、转弯半径等要求，以及要求河深满足船舶的载重通行。

（3）关注航线距离

如果存在多条运输航线满足通行要求，则选择距离短的路线，降低成本，提高效率。

4. 大件运输设备选择分析

（1）铁路大件运输车辆选择分析

铁路大件货物运输车辆包括普通平车、长大货物车和敞车，分别适用于不同外形尺寸或重量的货物运输。

普通平车。

普通平车本身重量为60t以下，不带端、侧板，装车高度一般为450~500mm。普通平车是铁路运输的主力车型之一，总量约占铁路货车总量的5%。普通平车运输货物主要包括大件的钢铁、木材、车辆、大型设备、水泥工业品等。

长大货物车。

长大货物车是指铁路运输中的一种特殊车型，适用于装运外形尺寸超限的大件货物。按照构造不同，长大货物车主要有以下五种：

凹底平车。

凹底平车指的是车体载重凹部较低的长大货车，使用凹底平车装载大件货物，可以降低超限货物的程度，并且降低整体的重心高度，增加货车行驶稳定性。

长大平车

长大平车指的是车体比普通平车长，因而能够装运更加超长超宽超高超重货物的货车。当前国内铁路长大平车主要有以下三种：

  d21 型长大平车，货架长 20 米、载荷 60 吨。

  d22 型长大平车，货架长 25 米、载荷 120 吨。

  d23 型长大平车，货架长 28 米、载荷 235 吨。

  落下孔车。

  落下孔车指的是车辆底架有一个落下孔，使得装运货物可以放到落下孔里，这样可以降低大件货物的超限程度。落下孔车主要用来运输重型的工业设备，特别是当这些设备超高时使用落下孔车运输更合适。

  D30 型双支撑平车。

  D30 型双支撑平车是由两辆凹底平车连接而成的，每辆凹底平车又配备了一个凹形支架和两台转动架，是专门为了运输 30 万吨合成氨装置中的合成塔等货物量身打造的，最高能够承载 370 吨。

  钳夹车。

  钳夹车包括两节大底架和两个小底架，大底架可以直接钳夹货物，将货物固定运输。钳夹车在电力大件运输中经常采用，用钳夹车运输的货物需要能够承受钳夹力，否则很容易损坏设备。

  敞车。

  敞车是铁路运输中使用最频繁的一种车型，约占目前货车数量的 64%。敞车与平车的底架结构相似，但是由于在四周加上端侧板，因此适于运输散装货物。

  （2）公路大件运输车辆选择分析

  公路大件运输车辆选择需要考虑运输过程中路面的承受能力、行驶稳定性、车辆自身条件等各个方面。因此，公路大件运输车辆选择是一个关键问题。随着我国运输装备制造业的发展，我国公路大件运输车辆的技术水平也获得了长足的发展，特别是公路大件运输挂车取得了很大进步。当前国内公路大件运输挂车主要包括：

  平板挂车。平板挂车是使用最为普遍的公路超限大件运输用车，用于装载各种超大超重型货物，如电力设备。由于平板挂车采用标准化、统一化的装置连接，把单一的平板挂车连接成车组。平板挂车操作简便，可以根据需要调整行驶速度。

  长货挂车。长货挂车是由两辆平板挂车，通过在两辆挂车中间加装连接转盘，用于载运超长货物的货运车组。长货挂车用于运输各种超长的大型设备。由于载运货物在运输过程中受力较大，所以需要其本身的受力性较强。长货挂车采用转盘连接，可以承受一定幅度的平面转动和横纵向摆动，对路面宽度和拐弯半径的要求降低，提高了运输的灵活性。

  桥式挂车。桥式挂车是由两组平板挂车，通过在挂车上安装带有转盘的液压举升台，再在举升台之间用连接构件安装一套承载性很高的承载桥构成的。承载桥的中间，以及承载底架和吊装固定设备一块组成大件货物的放置平台。桥式挂车主要用于装运重量特别大的极重大件货物，例如重量超过 500 吨的大型发电设备关键部件、核反应堆设备等。桥式挂车可以利用承载桥将货重均匀地分散到前后挂车，降低单体挂车承受的荷载，同时也降低了桥梁承受的重量，提高了桥梁承载力，减少了改建工作。另外举升台可以自动装卸承载货物，前后挂车同步运行，操作方便。

自行式挂车。自行式车组是通过大型动力机组开动，带动液压油泵运动，油泵内的高压油流驱动车轮内的液压马达，直接驱动车轮运行的车组结构。自行式车组的特点：牵引车与挂车组合二为一，减少了车组总重；利于货物装卸，适合工程现场短途运输；在山区下坡时，液压马达的制动功能作用明显，驾驶安全、操作方便。

凹式挂车。凹式挂车是由在两组平板挂车之间加装一个超低载运平台，将载运平台与两组挂车刚性结合而形成的车组。当前后挂车升降时，载货平台一块升降。平台距离地面只有0.3~0.6m，适合通行于净空限制较低的地段。凹式挂车车组常用来载运超高较多的重大型工程大件。

（3）水路大件运输船舶选择分析

选择水路进行大件货物运输时，由于专业大件运输船较少，不能满足需要，所以，许多大件超限货物采用的是多用途运输船或标准散装船运输。选择水路大件运输船舶时，应考虑水路运输的路线、船舶运行条件及大件货物自身的形状重量。短途运输一般使用甲板驳船装运，内河运输考虑净空要求一般使用舱口驳船装运。此外，水路运输装备的选择应考虑：船舶是否经检验合格，承载重量是否适合在内河运行，船舶运行动力是否充足，是否适合内河航行的深舱驳等。

第三章　工业企业总图运输设计的重要性

第一节　主要设计内容

总图设计是工业企业规划设计中最重要的组成部分，同时也是一项系统性、综合性很强的工作。总图设计对企业投资建设、生产运营成本、管理成本都有重大的影响。通常来说，一般在工业企业总图设计中，主要工作内容包含以下4个方面：

一、总平面设计

确定各类建构筑物的平面布置，道路、铁路及露天堆场的平面布置。

（一）总平面布置的概念

对于总图设计来说，平面布置是其重要组成部分，因此它的合理性与总图设计的质量、建设工程的安全性本身有着密切联系。总平面布置实质上就是先选好民用建筑的地址并规划好整个民用建筑的布局，对照生活实际要求，综合利用环境条件，合理布置功能要求的建筑物、构筑物、交通运输线、工程管线、绿化和美化等设施的平面位置。

（二）总平面布置的基本依据

总平面布置是一项对总图设计人员有着很高全局意识的要求的综合性设计工程，它关系到很多部门，涉及很多专业，当然，能够全面地分析和规划对平面布置有影响的因素也是设计人员不可或缺的素质。与此同时，在设计过程中，有些依据是必须遵循的：

第一，总平面布置必须建立在平面规划的基础上，要以平面规划为准则；

第二，总平面布置要以建筑安全为前提；

第三，合理安排运输线路，要在最大可能地减少建设成本的基础上，布置最完美的线路；总平面要将建筑所处的地质地形考虑在内，要兼顾民用建筑周围布置的各项要求；

最后，总平面布置应该最大限度地表现出建筑想要表达的艺术效果，并且要考虑为城市建设的未来发展留下一部分空间，以便于建设方后续的一些拓展。

二、场地竖向设计

包括优化场地土方工程量、确定场地设计的标高、道路高程设计、边坡挡土墙设计及场地排雨水设计等。

（一）工业企业场地竖向设计的基本概念

1. 场地的概念

场地一词有狭义和广义两种不同的含义。狭义的场地指的是除建筑物之外的广场、停车场、室外活动场、室外展览场等。这时场地是相对于建筑物而存在的，此时的场地常被称为室外场地，以明确其对象是建筑物之外的部分。广义的场地是指基地中所包含的全部内容所组成的整体。在这一意义上建筑物、广场、停车场等都是场地的构成要素。明确场地的概念必须明确要素与整体的这一层关系。因为建筑物与室外的广场等内容实际上是无法完全割裂开的，它们是相互依存的。

在一般的场地中建筑物是必不可少的，建筑物是场地最基本的和最主要的构成要素。但一栋孤立于基地中的建筑物如果无法接近，就没有其使用价值，因此道路、广场等所组成的交通系统也是场地不可缺少的构成要素。它们将场地的各个部分联系起来，并将它们同外部联系起来，起到连接体和纽带的作用。

除了以上建筑物、交通系统之外，绿化景观设施在场地中也起到很重要的作用，是场地视觉环境的调节者。对场地景观效果起到积极的修饰和润色作用，同时又能有效调节场地的小气候环境。除此之外，工程系统也是场地中不可缺少的要素，是场地能够顺利实现其使用功能的保证。场地中的各组成要素之间是相辅相成的，它们连结成一体形成了一个整体的场地。

2. 场地竖向设计的概念

首先明确一下场地设计的概念。

一般来说，场地设计是为满足一个建设项目的要求在基地现状条件和相关的法规、规范的基础上，组织场地中各构成要素之间关系的设计活动。其根本目的是通过设计使场地中的各要素形成一个有机整体，以充分发挥效用，并使基地的利用能达到最佳状态，以做到充分发挥用地效益，节约土地，减少浪费。

竖向设计是场地设计的一个重要组成部分。任何一个建设项目不可能都在地势平坦的地区完成，自然地形往往是起伏不平的，很难满足场地中建、构筑物，交通运输系统和工程系统的设计标高要求。因此场地的自然地形就必须根据总平面设计要求进行改造整平，使改造后的场地能适应建、构筑物的布置要求，满足工艺流程和交通运输技术条件，有利于场地雨水迅速排除，使之满足生产和生活的使用功能要求，同时达到土方工程量少，投资省，建设速度快，综合效益佳的效果，并尽可能减少对原来自然环境的破坏。凡属这一类型的设计，通常称为竖向设计。

（二）竖向设计的布置要求

1. 满足生产工艺及使用功能的要求

工厂规模、车间性质和工艺特点等生产工艺要求，往往决定了场地大小，总平面布置特点，所采用的运输方式，也决定了场地土建和排水等方面的特点，因而对竖向设计必然产生很大的影响，在竖向设计中必须予以考虑。如大型钢铁厂的炼钢车间，在采用铁路运输的情况下，由于各建构筑物本身就又宽又长，铁路又纵横密集，这要求场地坡度小，较平坦，高差也不宜过大，应将其设置在较大、较平坦的场地上。如采用阶梯布置，其主台阶必须设置得又宽又长。设有铁路的各台阶之间的高差也不宜过大，以满足铁路线路的连接要求。某些设计将生产联系频繁的两个车间放在两个台阶上，或一个车间两跨的标高不在同一平面上，会给生产和运输带来困难，甚至影响生产。

在符合工艺要求的条件下，自然地形坡度大的场地，建、构筑物长轴应平行等高线布置，且垂直于等高线布置的建、构筑物宽度宜窄些。

2. 适应运输和装卸条件

（1）运输

工厂运输是连接生产车间的纽带，是总平面布置和竖向设计的重要组成部分，厂外铁路接轨点的标高和厂内、外运输线路的纵坡要求，往往影响设计标高的确定。当以汽车和胶带运输代替铁路运输时，相邻台阶或建、构筑间可采用较大的标高差；以铁路运输为主的情况下，进入场地的铁路线路纵坡不宜过大。

联系密切的建、构筑物宜组合在同一台阶上，便于布置运输线路。对于运量大，车次频繁的特种铁路运输，宜充分利地形，争取采用较好的线路技术条件，尽量使运输沿工艺流程自高而低，以充分利用地形。

（2）装卸

竖向设计应尽量利用地形高差，创造方便的装卸条件，如高站台、低货位、高架卸车线，滑溜装车，高出轨面铁路货物站台、汽车站台，卸货桥等。

3. 满足排水和安全要求

在场地范围内合理划分汇水区域，组织排水干渠系统，使地面水以最短的途径排至场外。在山区场地上方应设截水沟，以阻止山坡雨水流入场地内。平坦地区，为利于排水，宜将场地纵轴与等高线成角度布置。场地的附近如有河流通过，对场地产生不利影响时，应采取防护措施。为防止洪水，场地平整标高应高出计算洪水位加波浪高度利壅水高 0.5 米以上。

4. 节约土石方工程及考虑施工条件

利用地形布置节约土石方工程量，不但可减少投资，而且可加快建设进度。因此竖向设计应与总平面设计统一考虑，因地制宜，充分利用地形，合理选择竖向设计形式和平土方式，合理确定场地和建、构筑物设计标高。如条件允许，部分场地填方可留待生产后用废湾填平，对于不影响生产工艺的场地内山丘可不予平整。还应积极结合土方工程覆土造田，支援农业。

尽量避免和减少石力开挖工程，并力求土方运距最短和运程合理，运土方向不宜上坡。人工平土经济运距为 10~50 米；人工轻轨手推车经济运距为 200~1000 米；推土机平土合理运距为 20~60 米；铲运机平土经济运距为 300 米，最大不宜超过 500 米；挖土机配合汽车平土运距宜在 500 米以上。

当填土区域内有大量地下工程时，可采取措施，在地下工程地段设置保留区，待地下工程完工后再填土，以免重复填挖。

除力求全厂填挖平衡外，还应考虑分期、分区的填挖平衡，并要考虑土壤松散系数和压实系数及建、构筑物和设备基础等基槽余土量对土方平衡的影响。

在填、挖基本平衡的原则下，一般应如下处理填、挖关系：

多挖少填：填方地区不易稳定，且会增加基础工程量，尤其在山区可复土造田时，可考虑多挖少填。

重挖轻填：考虑到地基载力，将重型建、构筑物放在挖方地段，轻型辅助设施、堆场和铁路、道路等放在填方地段。

上挖下填：充分利用地形创造下坡运土的条件。

就近挖，就近填，有利于局部平衡，就近调配。

有地下室的建、构筑物宜建在填方地段，无地下室的建、构筑物则宜建在挖方地段。

在进行土方工程施工时，用作填方的涂料应有一定的强度和稳定性，应符合表3-1的要求，填方的密实度可见表3-2所示。

表3-1 填方的涂料种类及采用条件

涂料种类	采用条件
石块、卵石、砾石、粗砂和中砂	无限制
亚沙土、轻亚黏土、中亚黏土和黏土	天然湿度不超过设计规定限值的可无限制采用
肥黏土	天然湿度不超过设计规定限值的仅用于高度在4米以内的填方
白垩土、滑石土和硅藻土	仅用于不受水淹、高度在5米以内填方的中心部分，且地基应为干燥的，填方上还需盖一层厚度不小于1.5米的不透水土层
碎块泥炭	用于高度在3米以内的填方，但必须在填方上盖一层不小于1米的其他涂料
碎块草皮	用于高度大于1米的填方下部，但该地区的横向坡度应小于1/5，且填方上不需用无限制采用的涂料，至少占填方高度的3/4
黄土和类黄土	在设计上有适当的依据时，方可在潮湿地基上使用
盐渍土	须根据土的盐渍程度、当地的降水量和填方的用途决定
淤泥土	不得采用
含石膏及含水溶性硫酸盐大于5%的土	没有采取特殊措施的，不得采用
冻结或液化状态的泥炭、黏土和粉质亚黏土	如预定在填方上设置良好的复面层时，不得采用

注：竖向凭证方所采用的土，除设计中规定设置铁路基和道路基及修建房屋和构筑物的地点外，均不受本表限制。

表3-2 黏性土填方密实度　　　　　　　　　　　　　　　　　　　　　　　　　　　（%）

填土用途	密实度	填土用途	密实度
建、构筑物	①	无建、构筑物的场地	85
建构筑物地面（坪）下	30	1.近期不拟建、构筑物 2.近期拟建、构筑物	90

注：①建、构筑物填土地基密实度按结构类型和填土部分的不同，分别采用91%~97%，设计中应由土壤专业提出要求。

5.合理利用自然地形，尽量减少土石方量

较平坦地区建、构筑物纵轴宜与地形等高线成一定角度，以便于场地排水。在坡地地区建、构筑物纵轴应顺等高线布置，以减少土方量和基础埋设深度，并可改善运输条件。同时应避免贴山过近，以减少削坡土方、挡土墙和护坡工程，当建、构筑物有大量地下工程时，为减少挖方量，可利用洼地。建、构筑物应布置在地质良好的地段，地下水位较高时，应避免挖方，必要时，可提高设计标高。

6.考虑建、构筑物基础埋设深度

当确定填土的深度时，应考虑建、构筑物基础的埋设深度，不宜因填土过深，而增加了基础工程量。一般情况下，大、中型钢铁厂主要生产车间的建、构筑物基础埋设深度为2.5~4.5米，有的可达4~6米以上。小型厂主厂房和大、中、小型钢铁厂辅助设施，建、构筑物基础埋设深度为1~1.5米。但基础埋设深度一般不小于0.5米。某大型钢铁厂主要建、构筑物基础埋设深度的实例见表3-3。

表3-3 某厂主要建、构物基础埋设深度实例　　　　　　　　　　（米）

建、构筑物名称	基础埋设深度	建、构筑物名称	基础埋设深度
高炉	4.98	烧结受料槽	10.00
热风炉	7.28	平炉车间泵房	6.45
炼铁料车坑	11.00	初轧均热炉柱子	8.75
焦炉	2.48	初轧设备基础	9.35
焦炉烟囱	9.17	轧钢主电室	4.30
烧结转运站	10.00	均热炉炉底	7.00
平炉柱子	4.78	翻车机	17.00

7. 考虑工厂环境的立体美观要求

从竖向设计角度为工业建筑群体艺术及空间构图创造和谐、均衡、优美的条件。如某机械厂厂部办公楼中轴线上的道路直通山下的居住区，中间有一凸起的小丘，竖向设计将其挖了一个路堑，由居住区向上望视线通畅，厂部办公楼显得雄伟壮观。又如某机械厂台阶式竖向设计，采用挡土墙和带花草地斜坡相间布置的手法，使该厂空间层次丰富、构图优美。

8. 特殊地区竖向设计要求

（1）湿陷性黄土地区

黄土遇水浸湿后，土结构迅速破坏而发生显著下沉。湿陷性黄土按湿陷类型分为自重湿陷性黄土和非自重湿陷性黄土。自重湿陷性黄土是在自重压力下受水浸湿发生沉陷的黄土；非自重湿陷性黄土是在自重和附加压力共同作用下发生沉陷的黄土。

建筑场地的竖向设计，应充分利用地形，利用天然排水路线，场地的雨水，应迅速排出场外，排水坡度不小于5%。建筑物周围7米范围内场地的平整坡度不宜小于2%，因条件限制不能满足上述要求时，要采取措施。当场地填方时应分层夯实，干容重不小于1.5克/厘米^3。当场地挖方时，应表面夯实。

当建筑物邻近有露天吊车、栈桥、堆场或其他露天作业场；建筑物平面为E、U、H、L等封闭或半封闭场地；建筑物邻近有铁路通过时，应采取一定的措施使地面和屋面雨水通畅地排入雨水排水系统。

建筑场地防洪排涝设施的设计。洪水重现期应高于一般地区，受山洪威胁的建筑场地要设置排洪沟，排洪沟应尽量减少弯道，采用较大坡度。在转弯和跌水处应采取防护措施。

在场地内布置铁路和道路时，不宜修筑路堑，如因地形条件不能避免时，应保证边坡稳定，采取有效的排水措施。铁路的路基应有良好的排水系统，不得利用道岔排水，在暗道床处，应将路基表面翻松夯实，必要时宜用沥青或其他不透水材料处理，道床内积水引入排水系统。

山前斜坡地带的建筑场地，应尽量利用自然地形，少动土方，将其平整成一系列单独的台阶，并使台阶有稳定的边坡。

（2）膨胀土地区

膨胀土密度大，孔隙比较小，天然含水量小，含水量变化是土体胀缩的主要因素。土体密度越大，天然含水量越小则膨胀越快，膨胀变形越大，黏粒含量高，吸水能力强，因此裂隙发育厉害，形成腊色光滑裂隙网，易出现浅层滑坡和顺层滑坡。膨胀土原状土内聚力大，内摩擦角大，有较高的抗剪强度，浸水膨胀后，内聚力几乎为零，内摩擦角大大降低，抗剪强度大大减少。在进行竖向设计时应满足下列要求：

避开不利地区，主要建筑物不要摆在浅层滑坡及顺层滑坡区，不摆在回填土上，不使建筑物摆在高差大于 2 米的地形上；

边坡地区由于凌空面大，蒸发面大，受水平大气影响易发生侧向水平位移，所以建筑物外边缘距边坡边缘的距离不应小于 3 米，自然边坡不陡于 1∶3，坡脚设置挡土墙；

在 1∶3 自然放坡处采用浆砌片石骨架草皮护坡；

为防止原生土裂隙的发育，浆砌毛石挡墙基础采用毛石混凝土材料，基槽分段开挖，开挖后立即原槽浇灌，如来不及浇灌，就沿槽壁用水泥砂浆封闭后再浇灌；

对无法避开的部分滑坡段，先将地表 2 米高的膨胀土挖弃，然后立即夯填 20 厘米厚的块石，再按填方区回填土的处理办法整平到设计标高，并对坡脚的挡土墙进行滑坡稳定性计算。

（3）软土地区

软土包括：淤泥、淤泥质土、冲填土和杂填土。这类土的压缩性高，抗剪强度低。淤泥和淤泥质土是第四纪后期形成的滨海相、潟湖相、三角洲相、内陆湖相等的黏性土；沉积土的天然含水量大于液限孔腺比 $e>1$。其中 $e>1.5$ 称淤泥，$1<e<1.5$ 称淤泥质土。土压缩性很大，抗剪强度低，透水性差，具有显著的结构性，一旦结构受到扰动，土的强度大大降低。

冲填土是疏浚江河时用挖泥船或泥浆泵把河底的泥沙吹填至岸上形成的土，也叫吹填土。土的组成复杂，如以黏土为主，则强度低，压缩性高。

杂填土是城市地基表层覆盖的一层人工堆填的杂物，包括建筑垃圾、工业废料和生活垃圾等。

软土地基上的建筑物的沉降和不均匀沉降很大，因此在进行竖向设计时应满足下列要求：

避开不利地区，如不能避免，则应将主要的大型建、构筑物避开不利地区；

根据局部软土地区的范围和深度采取相应的措施，如局部软土层较薄，小于 3 米，且下卧土层较好，可加大基础埋深至下卧好土；如面积较大，下卧层不能作为持力层，则对土进行人工处理，可将一定深度的软土层挖去换填其他散体材料，以提高地基承载力，避免不均匀沉降。

（三）竖向设计的形式

根据工业场地各主要设计整平面之间连接方法的不同，将竖向设计的形式分为平坡式和阶梯式两种。

1. 平坡式布置

平坡式布置是将厂区用地做成一个或几个带有缓坡的整平面，整平面之间连接平缓，坡度不大，标高没有剧烈的变化。平坡式布置利用生产运输和管网敷设，但土石方量较大，排水条件差，当地形起伏较大时，往往出现大填大挖和大量深基础情况，一般适用于自然地形坡度小于 3% 的地点，厂区建筑密度较大，道路、铁路较多，地下管线复杂的情况下。当厂区宽度很小，自然地形坡度虽然超过了 3%，也可以采用平坡式。

平坡式布置分以下两种形式：

水平型平坡式：场地的整平面无坡度。

斜面型平坡式：场地整平面由一个或几个不同坡度的斜面组成，根据斜面的倾斜方向可分为单向斜面平坡式和多向斜面平坡式。

2. 阶梯式布置

阶梯式布置是将厂区用地设计成若干个台阶相连接组成的阶梯布置，相邻台阶之间以陡坡或挡土墙连接，其各主要台阶之间有明显的高差，一般在1米以上。

阶梯式布置一般适用于自然地形坡度较大的地点，当厂区宽度较大，虽然地形的自然坡度较小，也可考虑采用阶梯式布置。阶梯式布置是避免大填大挖的手段。阶梯式布置的选择和布置应根据地形特征、工厂运输方式、建筑物密度和建筑物的长度和宽度等因素综合考虑。在山区建厂时，宜采用阶梯式布置，但全厂划分的台阶不宜过多。阶梯式布置按其场地倾斜方向可分为：单向降低的阶梯；由场地中央向边缘降低的阶梯：由场地边缘向中央降落的阶梯。

3. 两种竖向设计形式的比较

水平型的平坡式布置有利于运输线路的布置，能为铁路、道路创造好的技术条件。但土方土工程量大，排水条件差，一般仅在场地平坦或场地面积不大时采用，当场地面积很大时，如采用暗管排水，也可采用。斜面型可减少平整场地的土方工程量，且能利用地形，便于场地雨水的排出。

阶梯式布置适用于地形坡度较大，地形变化复杂的地区，此种布置方法可充分利用地形，节约场地平整的土方工程量和建、构筑物的基础工程量，利于场地雨水排出。但由于台阶之间需设置较多的排水工程和挡护工程，给运输线路的连接带来困难，不利于企业经营管理。

两种竖向设计形式各有利弊，在选择时要结合建筑场地的自然地形和建筑施工条件，因地制宜合理选用。

4. 竖向设计形式影响

竖向设计形式选择的主要因素有：自然地形特征、场地整平的坡度要求、运输方式、建筑密度、地上地下管线密度及建、构筑物占地大小、厂区宽度和土石方工程等。此外，建厂进度和土石方施工方法亦影响竖向设计形式的选择。

三、管线综合设计

对各种管线进行综合布置，确定管线的平面布置并对交叉管线的标高进行处理。

（一）管线综合布置的内容及意义

经济合理是评定管线综合布置设计工作质量的重要根据。民用建筑管线综合工程包括场地给、排水、电力、电信、燃气、热力和各种类型的管线等。管线综合布置的内容即在规划场地内，以场地总体规划为依据，在地上、地下空间上统一安排布置各类工程管线，确定其合理的水平净距及相互交叉的垂直净距，应当合理利用场地，避免出现工程管线之间及其与相关建、构筑物之间相互冲突。

（二）管线综合布置的原则和方式

管线综合布置必须与总平面布置同步进行，并且细化考虑近远期管线工程设施施工关系及管线综合的各种矛盾，尤其是有特殊要求的管线布置。输送材料的性质、输送过程所处的环境、管线本身的材料结构、工程所在地的地形地质和气候条件及施工的检修、总平面规划是管线敷设方式的重要决定因素。

（三）管线综合布置的过程

复杂程度高和综合性强，尤其单体管线难协调、配合难度大是管线综合布置的主要特征，正因如此，只有一定的工作程序才能确保管线综合布置的准确。第一，总图专业需给各单体管线设计提供表明管线走向、附属设施、标高、方式等信息的平面图；第二，总图专业将单体管线布置图布置在一张总平面图上，依照管线综合布置的原则和具体技术要求，综合分析和设计以形成初步管线综合布置图；第三，单体管线专业根据初步综合布置图审查所负责单体管线，以便及时发现设计中的误差及不足之处，并与总图专业沟通协商做出更改，反复协调并最终定出最可行最准确的管线综合布置方案；第四，总图专业将管线综合平面布置方案提供给单体管线专业，同时还需要与土建方进行讨论，形成最终的管线竖向布置图，最后完成管线综合布置工作。

四、企业运输设计

在进行厂内道路网规划时，要充分考虑总图规划各个系统，在进行厂内道路平面设计时，结合场地条件、结合长远发展、满足与建筑群体的协调、处理好竖向规划及各种工程管线的相互关系，根据这些因素要求，进行工业企业厂内道路系统设计。

（一）工业企业厂内道路的特点、布置原则及形式

1. 厂内道路的特点与作用

道路是整个厂区内外交通的枢纽，是整个厂区的骨骼。工业企业厂内道路有着不同于城市道路的功能特点，它们是厂内道路设计的基础，在进行厂内道路设计时应考虑这些方面。

（1）厂内道路的综合效用

厂内道路的突出特点是道路运输是为生产服务的，道路的布置及道路运输设备设施的配置是根据企业的生产要求来确定的。

道路如何设置、道路的等级、路面的宽度及路面结构的确定，主要是以生产工艺为基本前提，运输量的多少为依据的。此外，道路在工业企业厂内的作用，不仅是货物运输的主要径路，而且是功能分区划分的标志，是联系各车间的纽带，有排雨水及绿化美化厂区的功能，这些也是厂内道路的设置和设计时要考虑的因素。例如道路具有排雨水作用，道路竖向标高的确定、道路的走向和道路网格局、道路与道路的交叉口、道路与铁路的交叉口都要满足竖向设计的要求，并且与排水系统相互协调。又如，企业出入口的路面宽度的确定并不完全以汽车货运量和车流量为主要依据，在设计时往往采用比要求的路面宽度还要大一些的宽度，这主要是以厂容、路容为目的，考虑绿化美化的因素来确定的。

因此，在进行厂内道路布局及设计时，要根据不同企业的生产特点，结合各方面因素综合来考虑，考虑其综合效用的要求及发挥。

（2）厂内道路短、直且一般为正交

厂矿企业是以生产某种或多种产品为目的，企业为谋取利润，会采取降低生产成本的方法。然而运输费用是影响产品生产成本的主要方面之一。一般情况下，运输费用占产品成本的20%左右，因此降低运输成本是降低生产成本的重要方式。而道路的运输成本主要包括运量和运距两方面，一般产品的消耗量是一定的，即运量是一定的，因而运距的大小成了运输成本的直接因素。所以厂内道路网在规划和设计时，应力求汽车运输的径路短捷、顺直，不但降低生产成本，取得良好的经济效益，还能保证行车安全，延长设施的使用寿命。

另一方面，道路的正交使厂区形成方格网式的道路，不仅为合理确定企业各功能分区之间的相互联系提供方便，而且有利于采用或布置具有先进水平且简洁明快的总图布置系统。

（3）具有特殊要求而专门设置的道路

在企业生产过程中，人员、设备的突然事故一般在所难免，因此，对于突发事故的救急，离不开道路和道路的运输，特别是消防车的通行，这就要求道路系统能够提供顺畅而短捷的径路。又如有危险品易燃易爆的企业——炼油厂，因物料的特殊性，原材料是原油，而产品是成品油，装置与灌区之间、装置与装置之间大多为管道运输，道路运量不大，但是仍需设置纵横相连的道路或者环形道路，其主要的目的就是消防和防火。

（4）厂内道路网布置形式

对于厂矿企业而言，厂内道路及道路网不只是汽车运输的径路，也是构成企业总体的一个有机部分。大中型工业企业厂内的道路相互连接构成道路网，不仅使道路本身形成一个有机整体，而且沿道路敷设的各种管线也相互连接构成管网。在企业厂（场）内，道路网具有一定的形式，而其形式的选取和确定受企业的总图布置形式的影响和限制，包括厂（场）区外部交通运输条件、厂（场）地的地形、地势及厂内生产工业流程、功能分区等方面的因素。因此，道路网要与企业的总平面布置相一致。

例如厂区沿山沟布置，是狭长的一线型或串联布置形式，企业的规模和用地比较小，则厂内道路可设置纵贯全厂的一条主干道和相连接的若干支道，就可以满足企业的总体布局和生产运输的需要；如果企业的外形长宽比较小、规模大、用地多，且总平面布置形式为并联式或者串并联形式，则道路网的形式为纵横正交的方格网式或环状式；如果厂址是沿山坡或丘陵建厂，场地起伏大，总平面布置采用阶梯或者台阶系统，因而道路网因地制宜，会引入到不同台阶上形成自由式格局。

因此，要合理确定道路的等级、类别、形式、路面形式、宽度及路面结构等，且与竖向设计相协调，使道路系统满足其相应的功能要求。

2. 厂内道路网的布置原则

工业企业厂内道路系统的布置首先要能满足货流、人流的顺捷、安全、便利，同时应展示出企业的风貌，为地上、地下管线和其他设施提供空间，满足日照通风、防震、消防救灾避难等各种间距要求。厂内道路网的布置，应综合考虑，要以"统筹规划、协调发展；结合实际，适度超前；远近期结合，分层规划；可持续发展，保护环境"为根本宗旨，合理地规划布置工业企业厂区道路网。

（1）合理规划厂区道路路网布局

道路是工业企业厂区交通的基本载体，是企业生产的需要，应构建层次分明、功能明确的路网体系。路网布局指道路的节点、线路的空间地理分布。道路网的布局是以厂内生产组团为依托，在生产组团功能分区划分明确后，相应的道路网配套设施才能有效实施，厂内各功能分区之间相互关联程度决定着道路的布局。在进行道路网布置时，要与车间布置相协调，道路的布置是为车间之间、车间和其他设施之间的联系服务的，各级道路间的比例关系应按主干路、次干路、支路进行合理分配，要做到整个厂区的主干道和支路相互畅通，减少断头路，防止物流的迂回运输，对道路承载能力合理分配调配，充分发挥各级道路的运输效率。

另外，在布置时要符合相应的规范和国家有关的法规，要处理好防火、防爆、防毒、防腐等要求保证生产安全、人货流便捷顺畅。

（2）节约土地，做好厂区通道的规划

厂内道路的布置和厂区通道的布置是相辅相成的。厂区通道是指相邻的主要建筑物之间或者主要建、构筑物与工艺设施之间由于布置交通路线、工程管线、绿化设施且应满足各种防护间距所需要的宽度。由于厂区通道的用地占厂区用地的35%~45%，因此节约用地的有效方法之一就是合理确定通道宽度。因此，要充分考虑工程量和投资因素，本着节约用地的原则合理做好厂区通道的规划。

厂内主通道的宽度首要是保证通道两侧建筑设施间的最小防火间距。其次要满足道路的技术经济指标外，还要保证工程管线和绿化等各种宽度。厂区通道过小的通道宽度会使交通线路、工程管线布置拥挤，人流、车流被干扰到，影响企业的生产、安全和改扩建。过宽的通道使总平面布置松散、占地多、运输距离增长、生产联系不便。工业内部的布置和调整，都会带来厂内交通运输的变动。

通道宽度的确定，要根据具体的情况而定，同相关专业如工艺、水道、燃气、电力、暖通、景观等相互协作，通过多方案的综合比较分析来确定。

（3）应注意保护好环境

随着经济建设的发展，生产所需的原材料、设备、工具也随之大幅度增长，厂矿企业的机械化程度也越来越高，各工矿企业中的生产区、辅助区包括工具、机械修理、仓库等部门都装备了各种搬运设备，如装载机、叉车、拖拉机、电瓶车等，厂区道路交通运输量相应增长，并且机动车带来的噪声污染和尾气污染日趋严重。因此，例如选用无砂混凝土，便于雨水的渗透；新型沥青的选用（具有强度高、噪音小、寿命长等特点），减轻重载交通对厂区环境的影响。

（4）保证路面排水顺畅

在进行道路纵断面设计时，要结合厂区地形、地物的现状、水文地质状况及有利于排雨水通畅。当厂区主要采用暗管作为排水方式时，道路是一种有效的排雨水通道。一般在厂区内两条干道相交时，竖向进行处理时，主干道的纵坡宜保持不变，次干道的纵坡应相应服从于主干道。

（5）利用自然条件，因地制宜，避开不良地段

道路网的规划设计尽可能的平而直，道路的走向与自然地形的等高线平行或者大致平行，尽量减少土石方工程量，方便物流运输的联系。对于山区建厂，应合理地利用地形高差，因地

制宜，了解厂区的自然地形变化的情况，自然坡度的大小（平坡、缓坡、中坡或者陡坡，有无突变变化），以及外部交通运输条件，综合考虑厂内道路运输的布置。

另外，进行路网布置时，尽可能地避开不良地质的区域，在确定道路标高时，应考虑水文地质对道路路基、路面的影响。

3.厂内道路系统布置形式

根据工业企业的总体规划、建、构筑物之间的关系、生产工艺、物流的特点、交通运输量的大小，以及厂区的地形、地质等条件，场内的道路系统布置形式主要有以下三种：

（1）环状式

道路主要平行于主要建、构筑物，围绕各车间进行布置（如图3-1（a）所示），这种道路布置形式受地形条件限制，一般不能在山区丘陵地区的工厂采用，且道路的总长度及占地较多，对于交通繁忙、厂内的车流、人流组织需分离的采用。

（2）尽端式

由于工艺运输线路的要求，不需要将道路环通。或者工厂受到地形条件的限制，不能使厂内道路循环相通，则可采用尽端式布置形式（如图3-1（b）所示）。这种道路的布置形式能适应场地的地形条件，道路的坡度和走向处理都比较灵活，道路占地面积较小，适用于物料运量较小、竖向高差较大、车间较分散的企业。但其缺点是运输不通畅，横向运输联系不方便；货流、人流组织容易混杂，造成交通堵塞，因此在道路尽头处必须设置回车场。

（3）混合式

某厂区内部同时采用上述两种布置形式（如图3-1（c）所示）。它同时具有环状式和尽端式两种布置形式的特点。在满足生产运输的要求条件下，既能兼顾货流、人流的通畅，又能较好地适应厂区地形、地质条件。其布置形式比较灵活，可适用于各种类型的工厂企业。

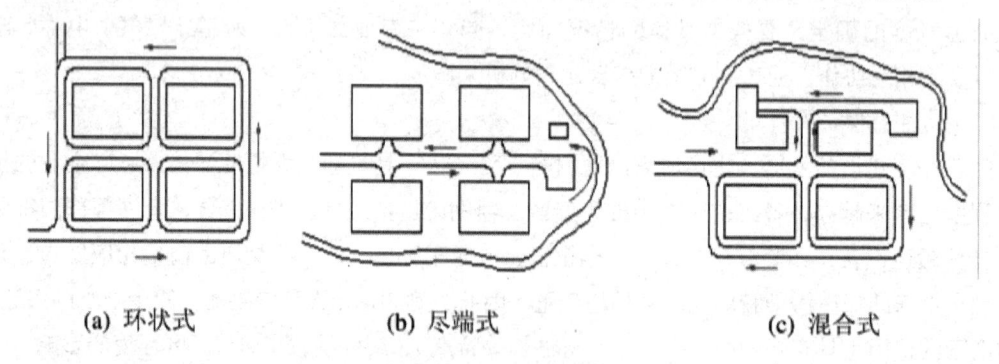

(a) 环状式　　　(b) 尽端式　　　(c) 混合式

图3-1　厂内道路布置形式

（二）工业企业厂内道路平面设计

1.厂内道路平面布置的基本要求

（1）出入口的确定

出入口，是工厂内外联系的门户，起到组织人流、货流、安全保卫等作用。厂前区、厂区主要出入口是与厂内主干道相适应的，道路运输的主要出入口应尽量和铁路出入口相分离，出入口的数量，由企业规模、货流量及人流量等因素确定，一般为2~3个。

（2）运输要求

厂内道路布置时，应和总平面布置统一考虑，与厂外道路连接方便快捷；且必须满足生产工艺，使汽车运输与装卸点之间的运输距离短、少迂回、少绕行、联系方便、工程量少；布置时人流与货流要兼顾，合理分散人、货分流、使货流畅通、人流方便、交通运输安全。

（3）布置形式要求

在布置时，道路尽可能平行于主要建筑物布置，使通道及管线布置相协调，使车间引道联系方便；且厂内道路应尽量正交和呈环形布置，当尽端式布置时，应在道路尽头设置回车场地。

（4）竖向要求

为了有利于道路与场地雨水的汇集及排泄，应与竖向布置相协调，便于阶梯式布置的道路联系通畅。

（5）符合相应的技术要求

厂内道路布置还应符合厂内道路主要技术条件的要求、符合卫生标准即防火、防震、防爆等安全规定的要求。

（6）厂内主干道的布局要求

厂内主干道是厂区和道路系统的骨架，布局要重点考虑，照顾到工厂合理分区。将一般主厂区的固定端的出入口作为道路的主要出入口，以此来设计主要的入厂主干道，厂内主干道宜尽量平直、贯通全厂、均匀布置。且将隔音要求高的建筑物避开主干道。此外，主要干道应尽量避免同运输繁忙的铁路和主要人流之间交叉干扰。

2.平面设计技术指标的确定

（1）厂内道路最小圆曲线半径

在道路布线上，必须充分考虑自然地形地物的利用，厂内道路在平坡或者下坡路段的尽头处，不得采用小半径的圆曲线。由于厂内车速比较低，即在道路平面的转弯处，可以不设置超高与加宽值。

根据厂内行驶车辆类型，可根据表3-4规定采用。

表3-4 交叉口路面内边缘最小转弯半径

行驶车辆类别	路面内边缘最小转弯半径（m）
载重4~8t单辆汽车	9
载重10~15t单辆汽车	12
载重4~8t汽车带一辆载重2~3t挂车	12
载重10~15t单辆汽车	15
载重40~60t单辆汽车	18

一般厂内行驶60t拖车考虑其转弯视距及安全，道路内缘转弯半径不宜小于20m。

（2）停车视距和会车视距的要求

在厂内道路平面设计中，应考虑停车视距、会车视距和交叉口的停车视距。

停车视距、会车视距。包括反应距离和制动距离，即发现障碍物到采取制动所需时间和制动生效直至车辆完全停止所需时间之和。

交叉口停车视距。交叉口停车视距指车辆在驶入交叉口前驾驶人员能够看清楚相交道路上车辆的行驶情况，并且能顺利通过交叉口或者及时减速，避免相撞的最短距离。一般厂内道路交叉口没有交通控制系统,因此要满足交叉口的停车视距。

汽车在厂内道路行驶时所需的交叉口视距取表 3-5 所示的数值。在各种视距的范围内不能布置影响视线的建、构筑物或高大的树木,以保证运输行车的安全。一般由于厂内道路短且交叉口较多,而采用停车视距为 20m。

表 3-5 厂内道路在平面转弯处和纵断面边坡处的视距

视距类别	视距(m)
停车视距	15
会车视距	30
交叉口停车视距	20(条件限制时可采用 15 m)

(3)道路边缘与相邻建筑物的距离

考虑到汽车运输的安全行驶,道路边缘应与建、构筑物具有一定的距离,表 3-6 及表 3-7 列出了道路边缘与各类特殊车间及其他建、构筑物之间的最小净距。

表 3-6 道路与散发可燃气体、可燃蒸汽的甲类生产车间及振动设备的建构物的间距

道路的类别	防火间距(m)	防震间距(m)
厂内主要道路(路边)	10	30~50
厂内次要道路(路边)	5	15~30

表 3-7 厂内道路边缘至相邻建(构)筑物的最小净距

相邻建(构)筑物的名称		最小净距(m)
建筑物外墙	当建筑物面向道路一侧无出入口时	1.5
	当建筑物一侧有出入口但不通行汽车时	3.0
管线支架		1.0
围墙		1.0

(4)厂内道路与建构筑物连接形式

不同的道路类型把建、构筑物连在一起,构成企业的道路网。一般情况下,道路与建筑物的连接是通过车间引道连接的,车间引道的最小长度如表 3-8 所示。通常是建筑物前方无需设停车场或者广场时采用。道路一般沿建筑物平行布置,还可利用小型广场或者回车场与建筑物相连接。下图 3-2 列出了道路与建筑物不平行的连接形式,使 L 值增大,不美观,其实这种形式并不可取,只要当场地受限制或受地形限制时,方可采用。

表 3-8 车间引道的最小长度

引道名称	最小长度(m)
车间汽车引道	6~9
消防车引道	15
救护车引道	6
电瓶车引道	4
叉式汽车引道	6

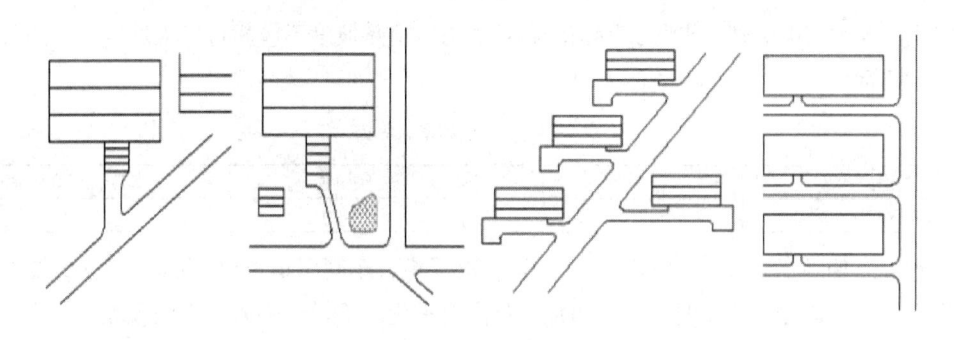

图 3-2 道路与建筑物的布置关系

（5）汽车回车场的设计

在道路设计时，为了供汽车掉头和转向，需要在道路的尽头、建筑物旁边、原料和产品装卸的地方，设置回车场。回车场的位置宜设置在平坡或地面坡度为 1% 上，在困难的地段可设置在坡度不大于 3% 的缓坡上，且回车场不应设置超高。回车场的尺寸可根据道路的路面宽度和汽车的最小转弯半径来确定。

（三）工业企业厂内道路纵断面设计

厂内道路纵断面设计时，要与厂内竖向设计、厂内建筑物、构筑物、工程管线及铁路设计相协调，设计出合适的道路坡度及坡长及道路竖向设计标高。

1. 纵断面设计要求及方法

纵断面设计具体要求主要包括以下几个方面：

要满足一定的纵坡度及竖曲线的各项规定。

坡度尽量缓和设置，起伏不宜过大，边坡点应设置在大半径竖曲线，且厂内道路应考虑非机动车及自行车的需要。

设计标高的确定应与厂区的平整地坪标高相适应，且与厂外市政道路标高相衔接，且厂区出入口的路面设计标高，宜高于厂外路面标高。

争取做到填挖平衡，减少土石方工程量，降低工程造价。

纵断面的设计主要是指纵坡的组合及竖曲线设计，厂区道路路线拟定后，考虑填挖工程量及与周围建筑物及地形相协调，综合考虑平、纵、横三方面试定坡度线。对照横断面进行核查，反复修改，最终确定坡度值，定竖曲线半径，计算设计标高。完成道路竖向布置图及道路纵断面图。

2. 纵断面设计技术指标的确定

（1）纵坡度

坡度线是以坡度与水平长度表示，且坡度及长度影响汽车行驶的速度和运输的经济和安全。厂内道路纵断面的坡度允许范围相对较大，因此，其竖向标高的确定应尽量与场地平整标高相一致。

最大纵坡。

最大纵坡的设置，主要考虑汽车的牵引性能、机件的损耗、燃料消耗及环境污染，且考虑到下坡的安全，在应用时，应尽量避免选用。此外，厂内道路纵坡设计值的大小，对汽车运输效益产生巨大的影响。还应考虑到汽车的爬坡能力，道路坡度不应超过最大坡度。一般要求值如表3-9所示。

表3-9 厂内道路最大纵坡

厂内道路类别	主干道	次干道	支道、车间引道
最大纵坡（%）	6	8	9

其中，当场地条件受到限制时，主干道、次干道、车间引道的最大纵坡可适当增加2%。如果车间引道交通比较频繁时，不宜增加其最大纵坡度。干道两侧人行道的纵坡度，应与干道的纵坡相同。但当人行道的纵坡大于8%时，应设置踏步或者使用粗糙路面。

最小纵坡。

最小纵坡主要是要能满足排水要求，为保证道路路面雨水的排出通畅，不宜过小，一般在0.3%。但是对于厂区来说，最小坡度，有着特殊的情况，例如地处上海这些地区的厂区因暴雨强度很大，厂区道路设计成零坡度也是可行的。

此外，当汽车在满负荷的情况下上坡运行时，则经常造成发动机在混浓的空气状态下进行工作，油料燃烧不完全，产生大量的黑烟和有毒气体，污染环境。因此一个恰当的纵坡设计值，不应以简单的不超过规范规定的极限纵坡设计值为设计原则，而应权衡基建投资和运输成本之间的利益关系。

（2）坡长限制

厂内道路一般最大纵坡度不应大于8%，其限制坡长不应大于200m。对于经常通行自行车的厂内道路的纵坡，宜小于2.5%，且不应大于3.5%，在两者之间时，其坡长限制如下表3-10所示。

表3-10 自行车道纵坡限制坡长

纵坡（%）	2.5	3.0	3.5
限制坡长（m）	300	200	150

（3）竖曲线

当主、次干道和直道的纵坡变更处的相邻两个坡度的代数差大于2%时，应设置竖曲线。

3.道路竖向标高的设计

厂内道路路面标高的确定，一般是按照道路路面标高与平整标高基本一致确定其道路标高，并且厂区出入口的标高由厂外公路的已定标高和坡度及平整场地的标高来综合确定。而对于厂区边缘的地带或者货流的专用道路，为改善汽车的运输技术条件和节约土方工程量，可按照高路堤和低路堑方式确定路面标高。

道路路面标高应低于建筑物的室内地坪标高，道路可与建筑物直接连接，其坡度一般不超过4%~6%，困难地区不超过11%。如果道路或小型广场标高高于建筑物，则需要在建筑物的一侧设置散水坡或者散水沟，门口局部沟段应加设篦子盖板，便于人员、车辆的出入。

（四）工业企业厂内道路横断面设计

1.厂内道路横断面形式的选择

道路广场占地在厂区的总占地中占有相当大的比例，为了节约、集约用地，需要合理确定道路红线宽度及横断面形式，且根据厂内道路排水的方式不同，将厂区内道路的横断面形式分为城市型和公路型两种。

（1）城市型

设有路缘石，采用暗沟明排水，有利于发挥车行道的运输功能，实现人、车分流，保证行车安全，但一般造价较高。一般在附近有雨水下水道利用时或厂区中心地带、行人较多的主要出入口的地方及对整洁美观要求高的生产区（车间）或办公室，可考虑采用。

（2）公路型

不设路缘石，采用明沟排水，由于人、车合流，对行车的安全有一定的影响，一般造价较低，施工较易。在道路与铁路相交，人行道不能连续布置的地段、厂区边缘地带、傍山地段的道路、施工期间的道路及拟扩建的道路，可考虑采用。

其中，路肩是公路型道路的组成部分之一，路肩的作用是保证路面稳定，且方便行人、自行车等避让驶过的汽车。路肩的宽度一般采用1m或者1.5m；如果场地受到限制，宽度可适当放小，采用0.5m或0.75m。路肩的横坡设置一般比路拱的横坡大1%~2%，即当铺砌路肩时，横坡为3%~6%，如果不加铺砌时，横坡一般采用5%。

一般企业道路采用暗管排水，除有特殊要求外（如防火），大多采用两侧有凸起的路缘石（立道牙）的城市型道路。

2. 横断面的布置类型

（1）道路横断面的基本类型

道路横断面的设计根据车行道布置形式分为四种基本类型，即单幅路（简称"一块板"）、双幅路（简称"两块板"）、三幅路（简称"三块板"）、四幅路（简称"四块板"）。依据厂区的规模、货流量及人流量的大小，在这几种断面形式上还可分设人行道与不设人行道两类类型。

（2）改进后的道路横断面形式

厂区道路的横断面从道路的功能特点和技术条件的要求分析，如管线敷设的特殊性、两侧建筑高度的差别等，道路的横断面可设置成不对称式的。对称式的横断面具有造型美观、适应性强等优点，但对于企业道路来说不经济。

3. 路面宽度的确定

在进行厂区道路宽度设计时，客观存在着与城市道路的区别。厂内道路运输物料的数量、行驶车辆的类型及所运物料对限界的要求，这些因素都决定和影响着厂内道路的宽度。如在钢铁企业中，当道路通行铁水罐车、渣罐车及其他特种运输车辆时，车道路面宽度经计算确定。另外，由于大吨位汽车的使用，相应的道路的路面宽度会加大。

（五）工业企业厂内道路交叉口设计

厂内道路交叉口主要包括厂区道路与道路和道路与铁路相交两种方式，由于相交道路的各种车辆和行人都要在交叉口汇集，相继通行并转换方向。如果交叉口设计不合理，不仅阻滞交通，也很容易发生交通事故。在交叉口设计中，首先要保证交叉口的通行能力能适应相交道路的行车要求，其次要保证车辆转弯时的行车稳定，做好交叉口的竖向设计，满足排水要求。此外，与地下管线的敷设、与交叉口处的建、构筑物的配合、绿化要求、照明相协调。

1. 道路与道路交叉口的设计

厂内道路交叉方式根据交叉点的标高，分为平面交叉和立体交叉。

（1）平面交叉

平面交叉口的形式。

平面交叉口的形式，主要取决于路网的规划、交叉口的用地及周围建筑的情况及厂内的交通量。厂内道路形式有简单交叉口和扩宽路口式，厂区内车辆比较单一、货流量不是集中出现且车速比较低，所以一般以简单式为主，即在交叉口处行驶的车辆，不受交通管制，各自按照交通规则行驶。

道路交叉口的竖向设计。

交叉口一般应设置在道路纵坡小于2%的平缓路段上，道路平交时，应该保持交叉点的标高相同，使行车平稳，且不易积水。

（2）立体交叉

立体交叉是指在交叉口处设置跨路桥或隧道。在相交的道路上车流不会相互干扰，能保证厂内汽车运输快速安全通行。在工业企业厂内一般不采用道路立体交叉形式，一般厂内的车流量达不到设置立体交叉的要求，且对于厂区来说立交占地大、工程复杂、不经济合理。一般在场外交叉口通行量很大时，或者高速公路与其他各级公路相交时考虑采用立体交叉。

2. 道路与铁路交叉口的设计

厂内道路与铁路的交叉其位置应符合厂区的总体规划，合理做出方案的比较。

（1）道路与铁路平面相交要求

厂内道路与铁路平面交叉时，交叉路线应为直线，且宜正交。受场地限制时，斜交的交叉角不宜小于45°。厂内道路的道口，应根据铁路的计算行车速度，使汽车在距离冲突点不小于20m的范围内，具有一定的视距长度能看到行驶的机车车辆。

（2）铁路与道路平交的竖向处理

应该保持交叉点的铁路轨道面与道路路面的标高相同。并且铁路和道路的雨水能够顺利排出路面，流入边沟和侧沟。由于铁路的纵坡度很小，因此在交叉口处，沿铁路的中心线两侧，道路在1.5m长的范围内，其横向坡度与铁路的纵向坡度保持一致。

第二节 提高控制能力

一、在总图设计中实现传统工业的可持续发展

石化产业是国民经济的支柱产业，资源资金技术密集，产业关联度高，经济总量大，产品广泛应用于国民经济、人民生活、国防科技等各个领域，对促进相关产业升级和拉动经济增长具有举足轻重的作用。石化产业是一个高污染、高消耗、高排放的行业，而我国的石化产业存在着布局不合理、滥用土地、环境污染严重等问题，因此，石化企业总图方案的规划设计就显得尤为重要。总图设计是一项政策性、技术性、综合性很强的多目标优化设计，它所追求的不单纯是企业的经济效益，而是为企业追求经济、社会、环境相统一的综合效益。总平面设计，

使工厂复杂的生产过程达到布局合理、生产顺畅、环境优美、节省投资、增加效益的目的，使企业由传统发展转向可持续发展。

（一）石化产业的现状与存在的问题

石油和化工是国民经济的重要支柱产业，资源资金技术密集，产业关联度高，经济总量大，对促进相关产业升级和拉动经济增长具有举足轻重的作用。进入21世纪以来，我国石油和化学工业快速发展，生产总值、销售收入、利润总额、进出口贸易额年均增幅均在20%以上，目前经济总量已居世界前列。经过几十年的发展，我国石化产业整体技术和装备水平明显提高，企业自主创新能力和国际竞争力不断增强，在促进国民经济快速增长、保障社会需求等方面发挥了重要作用。但是也应看到，我国石油和化工业在快速发展的过程中，长期积累的矛盾已日益凸显：产品结构不尽合理，低端产品产能过剩和重复建设存在加剧之势；产业布局比较分散，大型化、一体化、集约化发展程度偏低；自主创新能力不强，新兴产业培育和传统产业提升步伐缓慢；资源环境制约力加大，行业发展在很大程度上仍依赖物质资源的大量投入。

（二）可持续发展的概念与内涵

可持续发展是既满足当代人的需求，又不对后代人满足其需求的能力构成危害的发展。可持续发展包含两个基本要素或两个关键组成部分："需要"和对需要的"限制"。满足需要，首先是要满足贫困人民的基本需要。对需要的限制主要是指对未来环境需要的能力构成危害的限制。它们是一个密不可分的系统，既要达到发展经济的目的，又要实现资源的节约与环境的友好，使子孙后代能够永续发展和安居乐业。发展是可持续发展的前提；人是可持续发展的中心体；可持续长久的发展才是真正的发展。可持续发展所要解决的核心问题有：人口问题、资源问题、环境问题与发展问题，简称PRED问题。可持续发展的核心思想是：人类应协调人口、资源、环境和发展之间的相互关系，在不损害他人和后代利益的前提下追求发展。

（三）可持续发展在化工产业总图设计中的应用

1. 工厂环境要素的可持续发展要求

工厂环境要素既从属于工厂，又影响工厂的总图设计，并且由于工厂性质不同和地域条件不同，其影响力度不同。

（1）总图设计要善于利用自然环境要素

任何一个工厂都是建在某一特定的地理环境中，都有其相应的自然环境要素。如地形、工程地质及水文地质、气象等，总图设计要善于利用这些自然环境要素，为工厂建设缩短工期、节省投资、减少污染、增加效益服务。如地形因素，总图设计要结合工厂具体情况予以充分合理利用，减少土石方工程量。

（2）总图设计要适应社会环境要素

影响总图设计的社会环境要素很多，如城镇（区域）规划、行政（建设）单位要求、环境保护要求及地区工业协作要求等，总图设计要服从、适应这些因素，顾全大局，尽量满足这些要素的具体要求，创造社会生态效益。

（3）总图设计要创造优美的人工环境要素

工厂的人工环境包括物质方面的"硬环境"和精神方面的"软环境"。物质环境是工厂生产的物质基础，人工环境各要素配置要做到物流顺畅、运输便捷、布置紧凑、节省投资，而精神环境从属于物质环境，影响人们的精神状态、工作热情及工作效率，这是因为人们在生产中对所处的环境都有心理上的要求，环境给予人们的印象强烈地感染人们的心理，由于环境的感染，时间、空间、劳动强度等都可以由于心理上的满足与否而发生人为变化。

2. 工厂用地的可持续发展要求

合理预留发展用地，远期扩建用地尽可能预留在场外或界区外，当有生产需要有充分依据和远期项目建设确定时方可在场地内预留扩建用地。

正确确定通道宽度和管线间距，在保证安全生产的前提下节约用地。建立综合管沟或综合管架。

合理组合厂房等建构筑物，发展联合厂房。开拓竖向空间，建多层厂房和仓库，避免不规则的建筑外形。

辅助生产设施、公用和公共设施进行协作和社会化，能够集中建设的就要集中建设，能够依托的就尽量依托。

合理选择运输方式，尽量减少被铁路线路切割而难以利用的不规则地段。进行综合利用，减少废料堆场。

3. 物流运输的可持续发展要求

规范物流组织，对物流组织进行重组。实行组织再造，成立专门的物流部门，集中负责企业采购、生产、销售等物流管理的计划、执行、监督和管理控制活动，在物流部门内建立物流信息中心和成本核算中心。

对物流流程进行再造。重新梳理和优化企业物流、供应链管理流程。开展统一配送，减少污染。

合理配置工业企业的运输方式，加强各种运输方式的协作和衔接，实现公铁联运。

二、工业项目总图技术经济指标

由于工业建设项目具有区别于民用项目的社会功能，工业项目主要以生产为主，生产过程中构筑物较多，因此在计算总图技术经济指标（如建筑密度、容积率）时，应将此类建筑物、构筑物纳入规定性指标中计算。

（一）控制指标的由来及概念

1. 建筑密度

建筑密度是指在一定用地范围内，建筑物基底面积总和与总用地面积的比率，常用"％"表示。其计算方式为：建筑密度＝建筑物基底面积/总用地面积。它可反映出用地范围内的空地率和建筑密集程度。数值越高，建筑物越密集，空地率越小；反之，数值越低，建筑物越稀疏，空地率越大。建筑密度是我国计划经济时代借鉴苏联的规划模式，是控制地块建设容量的重要指标之一。

2. 容积率

容积率是指在一定用地范围内，建筑面积总和与用地面积的比率，常用比值表示。其计算方式为：

容积率＝总建筑面积/总用地面积。

在总平面方案满足法律法规且合理布局的情况下，容积率越大，表示地块建设开发强度越高，土地利用率也越高；反之，容积率越小，表示地块建设开发强度越低，土地利用率越低。

改革开放以后，随着城镇土地实行有偿使用制度及房地产业的蓬勃发展，我国开始在土地区划管理制度中采用重要的控制指标——容积率。自此，"容积率"成为我国城镇土地建设开发强度的重要指标。以上2个指标在工程建设活动中较常见，通常在项目用地范围内，规划主管部门给出规划控制指标的具体要求。

3.建筑系数

在我国工业建设项目中还有一个重要的控制指标——建筑系数。根据《工业项目建设用地控制指标》(国土资发〔2008〕24号)，建筑系数是指项目用地范围内各种建筑物、用于生产和直接为生产服务的构筑物占地面积之和占总用地面积的比例。其计算方式为：

建筑系数＝(建筑物占地面积＋构筑物占地面积＋堆场用地面积)/项目总用地面积×100%。它反映的也是项目范围内的空地率与构筑物的密集程度。

从建筑密度与建筑系数的定义看，建筑系数可以认为是对建筑密度概念的补充，将工业项目中除建筑物以外的必要构筑物纳入用地控制指标中，对于工业项目来说更合理。

(二) 用地控制指标的计算

我国的标准规范对规划控制指标都有严格的计算要求，如：容积率＝总建筑面积/总用地面积。根据GB/T50353—2013《建筑工程建筑面积计算规范》，建筑面积为建筑物(包括墙体)所形成的楼地面面积。众多工业项目的构筑物，从严格意义上说并不属于建筑物，在计算过程中不能将其面积计算在总建筑面积中。但其实际又在项目用地范围内占有较大的用地面积，造成工业项目中的容积率无法准确反映用地的开发强度和土地利用率。

在我国现行的法律法规中，如《工业项目建设用地控制指标》、GB50187—2012《工业企业总平面设计规范》、GB50603—2010《钢铁企业总图运输设计规范》、DL/T5032—2018《火力发电厂总图运输设计规范》等，均规定容积率＝总建筑面积/总用地面积。在实际工程项目中生产所必需的构筑物无法纳入总建筑面积中计算，经常导致计算的容积率低于《工业项目建设用地控制指标》及各省级规划主管部门关于容积率的规定值。相关项目容积率要求如表3-11所示。

表3-11 容积率要求对比

项目所属行业	用地性质	《工业项目建设用地控制指标》要求	控制性详细规划要求	容积率	工厂容积率
化学原料制造业	工业用地	≥0.6	≥0.6	0.06	0.06
化学原料制造业	工业用地	≥0.6	≥0.6	0.18	0.62
生物质发电项目	工业用地	无对应要求	0.2～0.5	0.26	无对应计算
垃圾发电项目	环卫用地	无对应要求	≤1.0	0.18	无对应计算

从表3-11中可以看出，实际的容积率很难达到规划主管部门的规定值，生物质发电项目及垃圾发电项目为了顺利实现GB50489—2009《化工企业总图运输设计规范》提出工厂容积率的要求，工厂容积率计算式为：工厂容积率＝计算工厂容积率的总建筑物、构筑物面积÷厂区用

地面积。对工厂内计入容积率的计容面积做了详细规定，如表3-12所示。

表3-12 工厂容积率计算规定

建筑物、构筑物名称	计算工厂容积率的总建筑物、构筑物面积规定
建筑物、构筑物	按建筑物、构筑物的建筑面积计算，层高超过8m时，该层建筑面积加倍计算（高度超过8m的化学反应装置、容器装置等设施加倍计算）
圆形构筑物	按实际投影面积计算
储罐区	按防火堤轴线或围堰最外边缘计算，未设防火堤的储罐区，应按成组设备的最外边缘计算
天桥、栈桥	按其外壁投影面积计算
外管廊	架空敷设按管架支柱间的轴线宽度加1.5m乘以管架长度计算；沿地敷设应按其宽度加1.0m乘以管线带长度计算
工艺装置	按工艺装置铺砌界线计算
露天堆场	按存放场地边缘计算
露天操作场	按操作场地边缘计算

将生产所必需的构筑物面积纳入容积率考量范围，既符合建设单位用地的客观事实，也为规划主管部门管理用地指标提供依据，有助于客观反映项目用地范围内的开发强度和土地利用率。而其他行业的"总图运输设计规范"对于容积率的定义过于笼统，只是简单将民用项目定义的容积率引入工业项目中使用，生产活动中必要的构筑物、固定堆场等都未纳入容积率的考量范围，造成容积率数值失真，不能客观反映项目用地范围内的开发强度和土地利用率。

建筑密度作为控制指标引入工业项目中也存在同样的问题，与生产相关的构筑物占地不纳入考量范围，无法真实反映项目用地中建设的密集程度。而实际工作中存在有趣现象，《工业项目建设用地控制指标》及各省发布的关于"工业项目建设用地控制指标"文件中均对"建筑系数"进行明确规定（见表3-13），而实际挂牌出让的土地中，规划主管部门常将建筑密度作为控制指标列入规划控制条件中，而对建筑系数却不作要求（见表3-14）。这种现象可能是因为近些年房地产行业的蓬勃发展，规划主管部门习惯民用建筑项目的习惯做法，而忽略工业项目与民用项目存在的差别。

表3-13 相关文件建筑系数要求对比

各项目文件名称	建筑系数要求/%
《工业项目建设用地控制指标》	≥40
《浙江省工业项目建设用地控制指标》（2014）	≤30
《福建省工业项目建设用地控制指标》（2013）	≥40
《广东省工业项目建设用地控制指标（试行）》	≥30

从表3-13中可以看出，各省市的工业项目建设用地控制指标均以"建筑系数"作为控制指标的要求。其中，除浙江省外，其余省份均以不得小于某值作为要求。

表3-14 建筑密度及建筑系数对比（%）

项目所属行业	用地性质	控制性详细规划中建筑密度要求	实际建筑密度	建筑系数
化学原料制造业	工业用地	≥35	9.60	37.22
化学制品制造业	工业用地	≥45	2.37	56.35
生物质发电项目	工业用地	≤50	34.12	38.95
垃圾发电项目	环卫用地	≤45	33.88	40.22

建筑密度与建筑系数的差别在于构筑物、固定堆场是否纳入指标的考量范围。在建筑密度仅计算项目用地范围内建筑物基底面积的情况下，一般的化学原料和化学制品制造业项目建筑密度仅为10%~20%，很难达到规划控制指标。而生物质发电项目和垃圾发电项目控制指标仅规定最大值而不规定最小值的做法，无法达到规划指标引导和控制的作用，未实现集约利用土地的管理效果。

为贯彻落实《国务院关于促进节约集约用地的通知》（国发〔2008〕3号）精神，科学管理工业项目用地情况，应把建筑系数纳入工业项目用地控制指标中，并规范建筑系数的计算规定。在我国现行规范中，关于建筑系数的计算式除DL/T5032—2018《火力发电厂总图运输设计规范》及GB51276—2018《煤炭企业总图运输设计标准》规定固定堆场用地不纳入建筑系数考量外，其余规范基本与《工业项目建设用地控制指标》计算时一致，即均需计算固定堆场用地。与《工业项目建设用地控制指标》不同的是，其余规范如GB50187—2012《工业企业总平面设计规范》还将露天操作场地纳入建筑系数的考量范围。露天操作场地虽在生产活动中也为必要的空间，但因其常年地表无附着物，不同行业及生产工艺差异性较大，可能造成监管漏洞。因此，露天操作场地不应算在建筑系数内。在国务院节约集约用地精神指导下，未来各行业工艺的发展也应向节约集约利用土地的方向发展，而大面积的露天操作场地也应尽量避免。

三、总图设计中的质量控制

提高总图设计中的质量管理工作是现如今设计工作中面临的主要问题之一，为了实现这一目标，需要提高设计师的整体素质，解决各种可能存在的因素，通过案例分析和归纳，总结和讨论设计中存在的问题，从而实现相互促进和提高。还需要总图设计人员接受先进的设计理念，提高他们的整体规划能力，研究计算机辅助技术，提高设计人员和相关专业之间的沟通能力，预测可能出现的问题和解决现有困难的能力。

（一）总图设计的过程控制和现场踏勘

总的说来，总图设计是一个过程共享、多学科干预的复杂工作过程。在设计过程中，设计人员、业主和相关专业人员对于总平面的确定是一个共享信息、共同操作的过程。也就是说总图设计应尊重业主的意见，遵循相关专业人员的建议和要求，而且所有参与者都应积极参加每一个子项，通过探讨和分析来获取最佳方案。参与者的积极参与、探讨和分析是保证设计质量、提高设计水平的主要因素。另外，应重视总图设计质量的长远性规划，并把它作为重要的设计理念进行有效的控制。在时间的长远性上为业主提前考虑工程下一步发展方向的同时，也应在空间的长远性上为企业的未来发展设计出具有操控性的预留接口、预留用地和合理空间等。

现场踏勘是指通过野外勘察和技术经济调查并对投资进行估算等活动来评判设计方案的可行性及适用性，它的主要内容包括施工现场的条件是否满足要求；施工的地貌、地形、地质条件、地理位置；施工现场地下水位、气候条件和水文情况；施工现场的生态环境，以及临时用地、临时设施搭建情况等。总图设计过程中，设计人员应多进行现场踏勘，在现场踏勘过程中，尽量对建设方提供的资料进行全面详细核实，以避免由于现场踏勘不足导致经济受损和设计质量事故的产生。

（二）提高总图设计质量的措施

在总图设计过程中，设计质量好坏受很多因素的影响，设计人员应及时进行沟通与协调，最大限度地保证总图设计的设计质量。影响总图设计质量的外部因素包括业主不明确规划的思路；设计资料录入不及时；提供的设计资料录入不够准确或者已经过期；时间紧急不能充分分析收集到的资料数据。影响总图设计质量的内部因素包括设计方收到的是不完全的设计委托；设计委托经常进行修改；设计人员的设计经验不足。

总图设计质量的提高是所有总图设计人员都非常重视的问题，通过归纳总结提出了提高总图设计质量的几点措施：

1. 提高对规范的理解程度

操作上要规范，要严格执行总图设计的法律、法规及行业规范等执行标准，确保满足安全生产的要求，要保证符合国家对环境保护方面的方针政策，建筑物结构设计、建筑物间距设置时必须严格按照要求对日照、通风、防火、防震和节约用地等原则进行综合考虑。合理地进行建筑朝向的确定，充分考虑气候、风向、地形等综合因素。

2. 重视建筑现场的实地分析

对现场进行实地考察和分析，明确空间位置之间的区域关系、地形和地质情况，对建筑、道路、管道、植被和历史遗迹等现状条件的确认和评价，来确定需要保留的项目和需要改造和拆除的项目，同时，以规划设计的要求为依据，对可修建建筑的范围进行分析，通过现状分析图对结果进行表示。由于城市市区场地的建设现状条件相比郊区场地复杂，所以对城市市区场地的现状环境分析更为重要。

3. 充分考虑建筑所有者的特殊要求

对总图设计而言，不仅要以工程性质和状况为依据进行设计，还要充分考虑业主的需求，考虑建筑所有者是否对场地有特殊的要求，例如，部分业主会对建筑物的朝向、主入口方向、建筑形式等提出具体的要求。

4. 加强与各专业人员的沟通交流

特别是在管网综合设计过程中应通过编制管线综合规划对建设场地内的所有管线进行统筹考虑，而现实中各种各样的原因导致管线综合的缺失。每个人的管路设计，旨在最大限度地发挥其专业优势，不能对其他管线也进行全面的考虑，管线布置时难免会有先入为主现象的发生，即使提出了更改，也可能只是以本专业的利益为出发点。所以在设计时就要充分考虑其他专业管线负责人的意见，协调解决不同专业间的冲突点，从总体考虑出发，选择出最适合的方案来，从而对各自为政、信息缺失等方面存在的不足形成互补。

5. 实现对设计流程的优化

一般总图设计的设计流程包括场地设计条件的分析、场地总体结构、交通状况、竖向布置、管线综合、绿化带等环境景观布置；技术经济可行性分析。但是总图设计流程中的场地类型的影响因素和项目目标因工程性质的不同而不同，所以，在流程设计过程中，针对不同的场地类型应考虑不同的侧重点，从而提高设计的效率。

6. 加强设计图纸的质量

同一个设计平面内，同样的竖向设计是多变的。场地分为平、立、剖三种立体关系。总图需要协调各专业建立良好的场地竖向体系，而各专业只需做好自己专业的工作即可。设计图纸质量的提高会减少或者杜绝在建设过程中可能发生的问题，只有图纸质量好，施工服务中出现的各专业问题才会很少，同时给业主节省了总图现场配合及施工服务的大量时间及费用。

7. 对案例进行定期分析

当工程竣工以后，应对建设场地现场进行仔细的分析与研究，归纳总结如何克服自然条件和建设条件等各种制约工程的因素和施工条件，以适应周围的建筑环境的特点及当地的地域特点，并在注重把握未来的设计要点上，提高自己的设计能力，有利于形成该地区具有地方特色的设计特点。

8. 总图设计软件及时更新

目前，国内的 AutoCAD 及其二次开发的专业软件可用于进行建设项目场地的设计，此软件可对地形进行处理，设置生成地表模型，优化设计方案，方案指标的计算和统计，道路设计和管线综合设计，对于相关规范标准可随时查看，随时增加图库和更新标准内容，另外，在企业的内部还可通过方案评审系统对其进行审核。

9. 对设计师进行定期培训

要加强高级总图布局工程师对新设计师的帮助和指导，帮助新设计师尽可能多地在有限的时间，学习更多的行业经验，提高项目选址设计素养，提高现场踏勘中发现问题和解决问题的能力，学习并熟练掌握 AutoCAD 等辅助软件。

总图设计对于一个工程项目来说具有重要的意义，提高总图设计的质量是一个综合提高各方面素质水平，解决多种影响因素的过程，需要从提高设计人员的专业素质出发，解决可能发生的问题，从而提高对总图设计的整体规划，进而设计出符合业主需要及对工程单位有利的总图设计方案来，只要这样才能保证工程项目的顺利进行，才能达到项目建设的最终目标。

第三节　强化协调配置

一、工业总图现场踏勘与调研要点

现场踏勘和调研是总图设计的前导性工作，总图设计人员通过现场踏勘工作可以更为直观地了解厂址的周围环境、地形地物、地貌特征、建设条件等现状情况，有助于总图布局和竖向设计方案的构思与成型。同时，经过现场调研和踏勘还可以进一步完备设计基础资料的收集，加深设计人员对地形图、规划图等图纸资料的理解，降低因资料不全、理解偏差等原因造成设计缺陷的概率，对总体方案水平和保证设计质量有着重要的作用。

（一）工作目标

现场踏勘和调研工作的基本目标是对现状的调查和了解，通过观察和收集原始资料，并对比实际情况与书面资料的差异，将与设计相关的内容整理汇总，最终形成现场踏勘报告，用以提高设计工作的有效性，为后续工程设计工作的开展提供参考依据。

（二）工作流程

现场踏勘和调研工作的流程包括准备工作、现场踏勘、资料收集、形成报告4个阶段。在现场踏勘和调研前，应准备一些基本的资料和工具，主要的工具包括照相机、皮尺、纸笔等。资料主要包括纸质现状地形图、老厂区的总平面布置图、区域规划等。准备工作将直接影响调研工作的成效。

现场则应做到"一看二问三记录四整理"。"看"主要指现状和特殊点；"问"指通过沟通和询问了解想知道的资料；"记录"则是对一些重要内容进行记录，以便于查询；"整理"则指对资料进行汇总并分析。现场获得第一手资料后，还需要收集其他相关的图纸资料，在对基础资料进行充分的分析整理后，形成最终的报告。现场踏勘与调研有助于设计人员形成直观印象，可加深设计人员对项目的理解，避免出现脱离现实的设计。资料的收集是基础，收集工作为后续工作的开展提供了参考依据，使得设计有所依托，避免设计的空泛。对收集的资料进行整理和完善是重点。最后所形成的报告则是对踏勘工作的总结，也是后续设计过程有效性的重要保证。

（三）工作内容及要点

工业项目的现场踏勘工作通常包括两部分，其一是工业企业的老厂区，其二是项目的建设厂址。这两部分意味着企业的今天和未来，只有对今天的充分了解，才能有助于对未来的展望。

1. 生产现状调研

工业项目总图设计工作需对企业的生产工艺流程有一个明晰的认识，尤其是工业企业物料的储运设施、生产组织模式、生产管理习惯等要素。这些因子对厂区的总平面布置有着重要的影响。在生产现状的踏勘调研过程中，总图设计人员应重点关注以下几个方面：

企业的对外运输方式：原材料和成品采用何种运输方式运输，各种运输方式所占的比例，对外运输是自主运输还是依托社会化运输力量解决等。

企业的生产组织方式：企业的产品种类和样式、企业的生产组织模式是对象专业化还是工艺专业化，储运系统是分散还是集中管理，未来的生产组织系统规划情况等。

原辅材料仓储：原辅材料的种类和各自的供应方式、现有规模下的原辅材料年用量、仓储周期、仓储方式、仓储设施面积及装卸工具等。特殊物料的种类、品名、储存周期和方式等。

成品仓储：成品的种类及年产量、储存方式，以及储存设施面积、储存周期。

生产工艺流程：现有厂区的布局模式、产品生产工艺流程、物流流线和搬运方式等。

存在问题：生产中存在的问题、设施布局或组织过程中不合理的地方。

规划设想：规划的生产纲领、技术水平、产品结构和生产组织等。

2. 建设场址踏勘

建设场址踏勘前最好先取得区域规划图、地形图和红线图资料，并对规划图和地形图资料进行初步研究分析，据此确定现场调研的关注重点，通常情况下应包括以下几个方面：

周边地块：了解地块周边的规划实施情况，并与规划图对比是否有出入，同时了解周边地块的建设和布局情况，重点关注对本项目规划有影响设施的情况。

项目用地：项目用地地形地貌的特征，以及沟渠、山体等特殊地形的现状位置与地形图是否相符，用地内是否有拟保留的古树名木等。

特殊地物：场地是否有待拆迁建构筑物，地块内是否存在高压线、地下管道、通信发射塔等设施，并初步了解这些设施的处置方式和可能性。

基础设施配套：园区基础设施配套情况，包括污水处理站、变电所、给水设施的能力和建设情况。四周道路、水、电、气管网的建设情况，哪些设施已经建设，哪些设施还处于规划阶段。

3. 相关资料收集

现场调研的重点在于资料的收集，设计工作开展的基础就是相关资料的收集，对于总图专业而言，需收集的基础资料繁多，大部分涉及外部的规划建设资料，主要的资料通常由规划建设部门提供，主要包括以下几个方面：

项目用地的上位规划，包括区域总体规划、控制性详规等。

地方法律法规的规定，比如各地区的城市规划管理技术规定或停车位配建要求等。

项目用地资料：红线图、地形图、规划图等。

市政配套设施图纸资料：道路施工图及水电气管线资料等。

规划设计要求：包括容积率、绿地率、建筑系数和交通出入口开设等的要求。

其他资料：防洪要求、常用工程材料、铁路和水运相关资料等。资料的收集力求全面准确，对收集到的资料要进行确认，最好留有提供人的联系方式，以便于及时查证。若资料收集不全，应留有清单供业主单位协助收集，以保证项目设计工作的顺利开展。

（四）踏勘调研报告

现场踏勘调研结束后，应针对整个过程所收集到的资料进行汇总整理，并对整个过程进行总结，形成踏勘调研报告，作为基本资料的一部分备查或供后续设计人员调阅使用。踏勘调研报告无固定格式，最好以文字结合图表的形式反映，踏勘调研报告应包括以下基本内容：

基本情况：项目名称、厂址位置、踏勘人员及时间、报告编制人员。

生产现状调研：现有产品及生产规模，各车间名称、功能及面积，现有工艺流程、生产组织模式、存在问题及说明。

厂址踏勘：地形图与现状的吻合性、特殊地物、地貌的说明和标注、周边建设情况的介绍、厂址现状照片。

设计必需资料：地形图、红线图、规划设计要点等。

其他基础资料：基础资料的清单和整理。

资料完备性检查表：注明已收集与未收集资料，保证后续的跟进。

设计前期的资料收集及资料的分析整理是设计开展的重要阶段，前期资料收集的完整性和有效性对整个后续的工程设计阶段有着重要的影响，后期经常发生的设计错误、返工、不合理等情况很多可追溯到最初的资料收集阶段。为此，总图设计师应审慎待之，加强对前期现场踏勘和资料收集阶段的重视程度，确保资料的完整和有效，这样才能保证工程设计的质量。

二、工业企业总图设计中的成本优化

总图设计是工业企业设计中最重要的组成部分，同时也是一项系统性、综合性很强的工作。总图设计得合理与否对于企业投资建设成本、生产运营成本、企业管理成本都有着重大的影响。

（一）总平面布置成本优化

工业企业总平面设计师根据企业工艺生产要求及厂区物流运输的要求，综合考虑项目用地情况、自然条件、功能需求、区域规划要求，合理确定企业总平面，缩短货运距离，减少运输能耗，降低企业生产成本。场地总平面设计要同时考虑竖向、道路、管线、绿化景观设计要求。一般工业企业从功能上可以划分为：主要生产区、公用辅助设施区、厂前区等。

主要生产区作为企业生产的核心，通常会有大量的原材料进入及大量成品外运。主要生产区布置时应有方便的内外运输条件，生产区各车间之间主要考虑生产工艺的联系性及系统性，来减少生产过程中物料转运造成的生产成本增加。

对于公用辅助设施区的布置，宜布置在厂区的负荷中心或靠近主要服务车间，如果布置在距离负荷中心较远的位置，将会增加工程管线长度，造成负荷损失、能耗过大等不利影响。

厂前区是企业生产、行政管理的中心，同时也是主要的人员内外联系的枢纽，为方便企业管理，一般集中布置在厂前，同时宜布置在与外部道路联系便捷的地方。

（二）竖向设计成本优化

随着社会经济发展，用地日趋紧张，目前越来越多的工业建设项目用地均为山地、丘陵等。所以，在设计过程中，需要根据项目实际情况，对场地进行处理，使整平后的场地能适应企业的平面布置及满足企业生产运输要求。总图设计需同时综合考虑场地现状及周边市政情况，但在现有的一些山地项目的建设中，由于设计人员忽略竖向设计的相关问题，经常出现以下现象：

土石方工程量填挖不平衡，产生大量弃土或者缺土，从而造成较大的成本损失。

场地设计未合理利用和改造现有自然地形地貌，对原始场地进行大填大挖。

竖向设计不考虑后期建设情况，不考虑场地防护工程的难度及成本，造成场地内防护工程造价大大增加。所以竖向设计需要解决的核心问题是：如何合理地利用现状地形，尽量减少场地土石方工程量，减少基建投资，缩短工程建设周期。

以 JX 省某项目为例，该项目位于 JX 省横峰东南部，项目地块内原始地形为山地，地势起伏不平，整个厂区现状地形地貌比北侧市政道路高约 6m。该项目建设内容为 1 座联合厂房、1 座综合楼及对应的装卸作业场地，如图 3-3 所示。

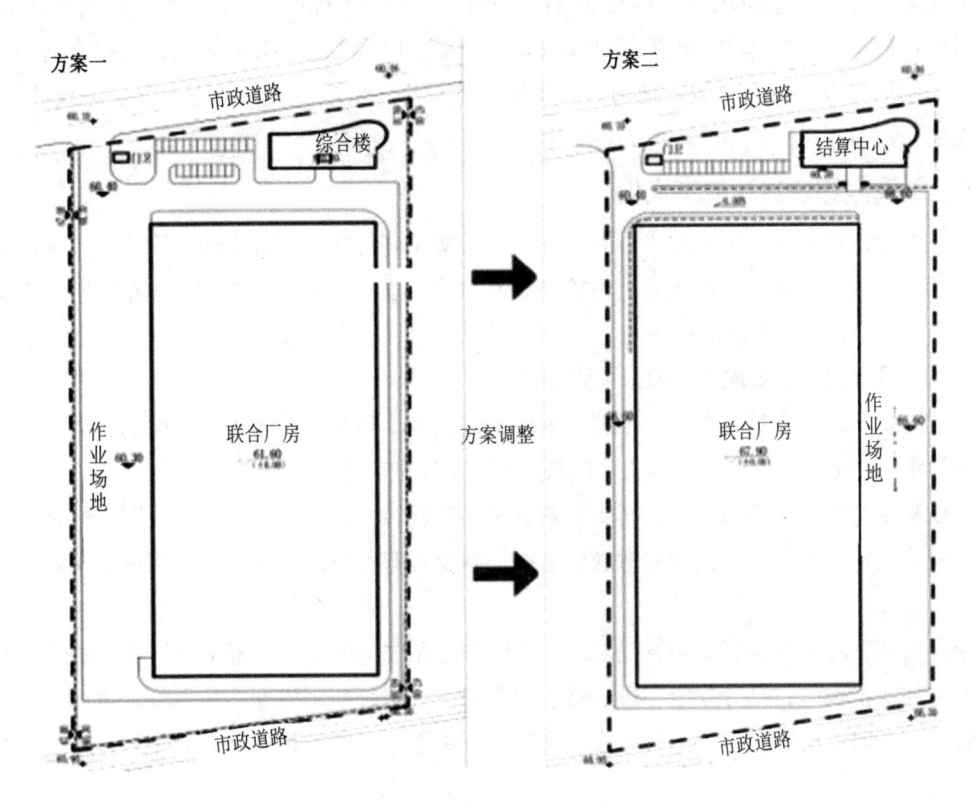

图 3-3 某项目总图方案示意图

方案一中，外部车辆进入后，可直接到达装卸作业场地，物流便捷；但由于场地自然地形较高，厂区要求场地较为平缓，场地标高需要与北侧市政道路衔接，所以方案一有较大的挖方工程量。

考虑到建设成本及建设周期问题，为减少土方工程量，需要将整个场地抬高，建议甲方调整为方案二。方案二中作业场地布置在东侧，由内部厂房北侧道路衔接场地与出入口处高差，北侧道路坡度设计小于 6%，满足使用及相关规范要求。

调整后方案，土方工程量减少 $23 \times 10^4 m^3$，当地土方外运价格约 40 元 $/m^3$，节省约 900 万元；挡土墙长度减少约 430m，大大减少了防护工程造价；节约了大量工程建设周期。如表 3-15 所示。

表 3-15　方案一及方案二工程量表

类型	项目	方案一	方案二
1	挖方量 /m³	-250000	-66000
2	填方量 /m³	13500	60000
3	精方量 /m³	-236500	-6000
4	挡土墙长度 /m	690	260

在竖向规划设计后，对场地进行平土施工时，场地与周边环境或者场地内部多个平台之间会出现一定的高差，所以需要采用设置自然放坡、护坡或挡土墙等方式，处理相互之间的衔接关系。设置挡墙或护坡的位置、高度和长度，要综合考虑厂区形象和实际使用需求。防护工程

对于土建投资有很大的影响，所以防护工程的设置对于土方工程量及工程造价的影响不容忽视。

对于护坡、挡墙的选取，根据场地实际情况，需要综合考虑多方面要求，选择合适的处理方式。从用地来看，自然放坡占地最大，挡墙用地最小；从造价成本考虑看，自然放坡最小，护坡次之，挡墙最大。

（三）管线综合设计成本优化

管线综合设计主要是根据总平面布置图，合理协调好管线与管线之间、管线与其他设施之间在平面方向和及垂直方向的关系，使管线相互协调、规整有序，同时使管线布置符合安全间距和满足施工、检修的要求。

为减少管线投资、占地，一般采取以下几种方式：

厂区主要干管应靠近主要用户设置，缩短管线长度。通常沿厂区道路敷设的管线，应布置在支线最多的一侧，这样可以减少支管的长度及与道路的交叉。

管线应尽量平行于道路布置，减少转弯。某些管线转弯需要设置专门的装置、检查井等设施，某些管道转弯会有阻力损失和弯管的磨损，减少转弯可以减少相应的设施费用及降低运营费用。

合理协调，尽量减少管线与管线之间、管线与道路之间的交叉。部分管线之间相互交叉有时需要增加防护设施；部分管线穿过道路时，自身需要进行加固处理；重力流管线与一些尺寸大的管沟交叉时，可能会让整个重力管线系统的埋深下降。以上几种交叉情况均会影响管线建设的投资。

（四）企业道路设计成本优化

场地内道路设计直接关系到管线建设工程量，从而影响工程建设的造价，可以通过合理的优化设计，减少相应工程投资。

1. 道路功能划分

厂内道路一般划分为主干道、次干道、支路、人行道。由于不同道路对于交通通行承载要求不一致，所以相应的设计技术要求也不相同。对于厂区主干道，根据实际使用需要，设计宽度及道路结构层厚度。对于一些支路，例如消防车道等，仅仅需要考虑消防车通行的最低要求，道路宽度保证4.0m，道路结构层只需要满足消防车行驶即可。根据不同的功能划分道路的宽度、结构层厚度可以最直接地减少相应道路工程量。

2. 道路路网及纵断设计

山地项目，道路通常会带来大量的挡土墙、边坡及土石方工程量。在山地项目设计中，合理利用自然地形走势，采用较大的道路坡度，不断根据建筑物的调整灵活修改路网线型及竖向设计标高，可以减少大量的工程量。

三、高炉工程总图规划设计案例

钢铁企业总图设计内容庞杂，以下我以自身几年以来参加的工厂设计经验为例，阐述一下钢铁企业工厂总图设计当中高炉工程的设计要点。

（一）总图设计应该与时俱进、因地制宜

中国当今的钢铁产能约占世界钢铁产能的一半，产能已严重过剩。目前新建的钢铁企业很少，主要是以现有企业内部结构调整，升级改造为主。鉴于在改造的同时须兼顾现有生产，老厂改造比新厂建设要复杂。

（二）高炉建设位置的选择

高炉在全厂的位置及与外部的相对位置要适当；一般老厂改造条件都比较有限，用地面积紧张。即便如此，高炉工程建设的位置往往也不止一处，因此需要在做总图方案布置时对项目备选用地条件进行比选。

建设场地的选择首先考虑不影响现有主要生产，其次要保证铁水运输作业流程合理、运输距离最短，再次须同时考虑工厂外部环境对总体布局的影响。高炉投产后，生产的噪声影响了南围墙外居民的正常生活。环保的理念被日益重视，党的十八大提出把生态文明建设放在突出地位、建设美丽中国的目标，钢铁企业在建设、生产时更应该重视提升环境效益。

（三）选择合理的铁水运输方式

铁水运输方式决定了高炉的总体布置。到目前为止，高炉铁水运输的途径主要有铁路、道路、过跨车三种方式，各个企业根据使用的情况及建设场地的条件不同而选择有所不同。一般情况下铁水运输采用铁路运输；在铁路布置有困难而且炼铁车间与炼钢车间距离较近、有条件设置铁水运输专用道路的情况下，可采用道路运输铁水；当炼铁车间、炼钢车间较近而且两个车间高差较大不利于采用铁路或者道路运输时，可考虑采用过跨车运输。铁路运输是目前冶金企业普遍采用的一种运输方式，安全可靠，但铁路运输设备转弯半径大，爬坡能力小，占地面积较大，布置方式不够灵活。汽车运输铁水包最大的特点是机动灵活，车辆设备的转弯半径小，占地面积小，但其可靠性还有待进一步验证。

过跨车运输铁水即采用电动平车加吊车运输铁水，电动平车将铁水包推送至炼钢车间加料跨的延长跨，再通过吊车将铁水输送至炼钢车间。过跨车运输铁水可使炼铁车间、炼钢车间最大程度地靠近，最大程度减少占地，更能适应复杂地形和高差，但是一次性投资高、对设备的可靠性提出更高要求，目前国内钢铁企业很少使用这种模式。

（四）多方案比选

和其他总图布置一样，在确定高炉的炉容、位置、运输方式之后，需要对高炉工程内部系统的布置经过多方案比选，选出最佳方案。有些方案注重考虑本期工程建设投资最少，有些方案考虑预留发展条件最优，详述利弊，提供给委托方选择。有些方案意见乍一听不太合理，但是不能因此就完全否定。正确的方式应该是想办法去把这些听似不合理的方案摆出来。耳听为虚眼见为实，当方案摆出来以后，合理或者不合理那都是一目了然，提意见的人也就不会有异议了。而且往往在做这个你先前不屑一顾的方案时你会发现这种思路还有很多可取之处。身为总图设计人员，一定要有兼容并包的精神，因为总图方案没有最优只有更优。仔细去做你会发现总还可以优化的地方。总图方案优化的原则是工艺流程合理、物流顺畅短捷、布置紧凑合理、远近结合，满足安全、卫生、防火及施工要求，为后期发展留有余地。特别是在方案阶段，把总图方案优化了不但为下一步设计创造良好的条件，同时还能节省投资、缩短工期。

（五）高炉工程中各个系统设施的总图布置要点

高炉的平面布置按铁水运输铁路的布置状态一般可分为列式、半岛式、岛式等几种方式，一般中小型高炉可采用列式布置，中大型高炉宜采用半岛式、岛式布置。

1.输送机（主皮带）输送到高炉炉顶

一般情况下，高炉的炉料输送在中小型高炉中采用上料小车上料，在大中型高炉中采用主皮带上料。目前有不少中小型高炉都采用主皮带上料运输。和上料小车相比，主皮带运输的连续性、可靠性更好。同时采用主皮带运输时，由于高炉矿槽距离高炉本体较远，总图布置更加灵活。此外还有以下一些小要点需要予以考虑：

主皮带爬升角度考虑到球团的运输，一般不大于12°，要考虑矿槽的位置是否满足这个要求，否则要调整矿槽的位置。

高炉主皮带与高炉中心线的夹角不能过大（一般不超过15°），否则容易与炉顶框架或煤气上升管道相碰。

高炉主皮带一般不能与炉顶吊车布置在同一侧，否则主皮带会影响高炉炉顶吊车的吊装作业。

主皮带中央转运站及机械室的布置要合理，机械室一般不宜离中央转运站太远以至使机械室被抬得过高造成运行不稳定。

主皮带支腿支架要合理布置（跨度以45m～50m为宜），一般不宜超过75m，跨度过大则造成浪费。

矿槽除尘宜靠近布置。

2.出铁场的布置

不同的铁水容器（一般有铁水罐、鱼雷罐）及不同的出铁方式（采用固定罐位或摆动流嘴），影响着出铁场的布置。在工程设计过程中，总图专业须根据不同的出铁方式选择最合适出铁场布置方式。一般中大型高炉要求设置上出铁场高架道路，主要用于出铁场上使用的泥沙、炮泥、耐材等的运输，同时还被用作主要参观通道。高架道路的等级可按支路或车间引道考虑，坡度一般按不大于9%来考虑，有条件应该按不大于8%来考虑。

3.热风炉的布置

在总图布置方面，热风主管宜与出铁场平台天车的运行方向平行进入出铁场，并应避开天车的作业区域。热风炉宜靠近高炉煤气布袋除尘器及TRT余压发电等设施布置，以便于煤气管道的连接。

4.鼓风机站

鼓风机站宜靠近热风炉布置，以缩短冷风管道的长度。鼓风机站宜与热风炉布置在高炉的同一侧。一般可采用电动鼓风、气动鼓风、高炉煤气余压鼓风（BPRT）。一般来说BPRT系统及电动鼓风机系统占地较小，气动鼓风机站占地较大（有配套锅炉系统及水系统）。鼓风机的形式应根据工厂的能源平衡状况来确定。

5.重力除尘器、布袋除尘器、TRT余压发电设施的布置

重力除尘器布置的位置需要满足煤气下降角度的要求，一般以高炉为中心，其中心与高炉

中心的距离不宜超过65m（按炼铁要求，此数仅供参考）。如果水渣处理采用环保底滤法时，重力除尘器宜与冲渣点保持一定的安全距离。重力除尘器与布袋除尘器之间连接管道为粗煤气管道，管道的磨损比较严重，有条件时应尽量缩短布置。TRT余压发电设施在多个高炉的情况下宜考虑合并布置。

6. 高炉水渣系统的布置

高炉水渣处理有冷INBA法、环保底滤法、嘉恒法等——宜根据厂方的要求及场地条件进行布置。高炉水渣量大（渣铁比一般在330~350Kg/t.HM），例如对于一座3200m³的高炉来说，平均每天产生水渣量约2700t，折合45车皮。水渣的运输是总图专业需要重点考虑的问题。水渣运输方式（铁路、道路、胶带机）的选择，运输路径的选择均应做好规划。

7. 制粉喷吹车间的布置

制粉喷吹车间的布置可因地制宜，喷吹管道是压力管道，布置比较灵活，有条件可靠近高炉布置。干煤棚的布置要有利于运输作业。可根据场地条件确定使用普通皮带机或者大倾角皮带机或垂直皮带机进行原煤运输。在总图布置中，应创造条件采用普通皮带机（爬升角度不大于12°）运输。普通皮带机比大倾角皮带机及垂直皮带机维护简单，故障率低。一般情况下喷门电气室应与喷煤车间脱开布置，也可以一面与喷煤车间贴邻布置——要求贴邻墙面无门窗洞。

8. 高炉中心循环水泵房的布置

高炉中心循环水泵房宜靠近高炉布置。当循环水采用开路循环时，其宜与高炉出铁场保持一定距离，避免水蒸气弥漫到出铁场造成腐蚀。高炉循环水管道较多，可采用架空通廊方式敷设或管沟方式布置。循环水管一般不在出铁场下方横跨铁路，以避免水管漏水进入铁水罐中造成事故。

9. 铸铁机、鱼雷罐修理车间的布置

在转炉车间不能接收铁水的情况下，铁水被运到铸铁机车间进行铸铁。一般的铸铁机车间还兼具修罐作业的功能。铸铁机车间一般应布置在铁水牵出方便的地段。对于采用鱼雷罐运输铁水的炼铁车间，需要设置鱼雷罐修理库及走行检修车间，应将其应布置在炼铁车间与炼钢车间之间运输便利的地段。鱼雷罐修理车间一般由倒渣间、内衬拆除间、砌筑间、烘烤间组成。内衬拆除工段需要布置好拆除鱼雷管内衬的作业设备的走行通道及非耐火材料的外运通道。

10. 道路的布置需要注意的问题

一般炼铁车间的运输都是以皮带运输、铁路运输为主，道路运输为辅（采用道路运铁水的除外）。道路一般用作消防、参观或是一些零散货物的运输通道。主干道路是划分功能区域的标线。主干道一般不小于7m，转弯半径宜大于9m。消防道路最小宽度不应小于4m。道路的宽度一般根据车流量或道路等级来确定。在高炉本体周围的道路需要兼具消防通道及景观通道的功能，应按主干道来考虑，宽度不小于7m。高炉周围的道路与铁路的平交道口往往较多，道路的通行性较差，但由于高炉区域道路还需作为参观通道，不能因此就把道路降低等级或缩小路面宽度。

11. 铁路布置中需要注意的问题

铁水运输坡度一般不超过5‰，包括出铁场下方的铁路及外侧一定长度范围的停车路段应为平坡，应留出合适停车的线路长度。受场地大小及接轨点的影响，一般老厂改造建设中大型高炉出铁场的铁路线都按半岛式来布置。按《铁路运输安全规程 AB/T17910—1999》的要求，对于半岛式布置的高炉出铁场下的铁路原则上不允许穿两个及以上摆动流嘴。在高炉铁水运输作业中，要求机车顶空罐，拉重罐，机车不穿铁口。在给炼钢车间配送铁水时，机车应能推送重罐，避免机车先进入炼钢车间。铁路线路设计时应重点考虑上述原则，使铁水运输作业流程合理。

第四章　总图运输设计与其他专业之间的关系

第一节　总图运输设计对其他专业的控制作用

在工业企业工程设计中，总图运输专业对其他专业具有重要的支配控制作用，影响着其他专业的目标达成。例如：有的企业为了节省土地费用，利用总图运输专业的优势，在进行设计的过程中，将节省用地作为控制的主要目标，将土地用地控制在最低限度。各个专业进行设计时，就必须按照总图运输设计的用地要求，做出相应的设计。从工艺专业来看，在确保生产的安全和质量的情况下，为了适应场地调整的要求，其工艺专业必须对工艺流程进行相应的调整。根据总图运输设计的要求，各个专业都尽可能地使占地面积降到最低。又如：某钢铁企业为了提高工作效率，需要对炼铁厂房等场地进行改造。在总图运输设计时，充分考虑厂房与周围各建筑物的距离，设计出最合理的间隔距离和场地最大宽度。然后，按照总图设计要求，进行制氧场地、炼铁厂房和综合料场设置。在确保符合炼铁工艺的基础上，总图专业根据场地的实际情况，各专业根据总图专业规定的用地范围限制，对工艺流程进行适当的调整。这样总图专业对各专业进行整体协调控制，使用地得到了有效控制，达到了节约用地的目的。

一、总图规划设计对工艺装置布置的影响

在一些化工设计院中，总图专业的主要职责是负责厂区总平面布置的设计，工艺（布置）专业的主要职责是具体装置的设计，这样的划分使总图专业和工艺专业有各自明确的工作范围，但就工作性质而言，二者是不可分割的整体。

厂区总平面布置是在总体布置的基础上，根据工厂的性质、规模、生产流程、交通运输、环境保护、防火、防爆、安全、卫生、施工、检修、生产、经营管理等要求，结合场地自然条件、厂外设施、远期发展等因素，紧凑、合理地布置全厂主要生产装置、各种辅助设施及交通运输路线等，确定它们之间的相互位置和具体地点，经多种方案比较后，择优确定厂区的总平面布置。

工艺装置是厂区总平面布置中的主体，通常从工艺流程顺畅、布置紧凑合理、管线衔接短捷、与相邻设施协调、便于施工与检修等因素出发，由总图专业考虑各装置与相关的装置、罐区、系统管廊、道路等的相对位置，统筹安排，统一规划，使厂区布置经济合理，减少潜在危险，保证安全生产，改善劳动环境，节约建设投资，提高企业经济效益。

工艺专业在设计中通常与结构、设备、自控、外观联系比较密切，重视与以上专业设计条件的往返和设计文件的会签工作，而和总图专业的联系相对比较少，对其关注也比较少，通常是将±0.000平面设备布置图提给总图专业，总图专业依据±0.000平面设备布置图进行总图布

置，随后返给工艺专业某个控制点坐标与绝对标高值。工艺专业一般只了解一下总图确定的装置位置与四周设施的关系即可，至于其他方面问题，如风向、地下管网等因素则考虑得比较少，甚至不考虑。本文针对总图布置与具体工艺装置的布置之间的影响进行了详细阐述并提出了解决问题的方法。

（一）总图规划设计对工艺装置布置的影响

1. 总图布置不合理影响其他装置的正常生产

避免对环境、人员、设备及产品质量造成不同程度的污染。

某项目硫回收装置尾气通过管道进入排气筒，排气筒高 50m，尾气达标排放，地面处没有异味，排气筒南面为 97m 高的气化框架，整个厂区的主导风向为东南风，次主导风向为东北风和北风，排气筒出口处的尾气受次主导风向影响，刮向南面气化框架，导致气化框架 40m 以上异味很大，气化工段的正常操作受到很大影响。业主要求对尾气排放管线进行修改，装置尾气不进入排气筒，改为送至气化框架 97m 以上，高点排放。装置总图见图 4-1。尾气排放管公称直径 DN900mm，操作温度 165℃，从硫回收装置至气化框架顶部约 1000m，长距离的输送会造成以下问题。

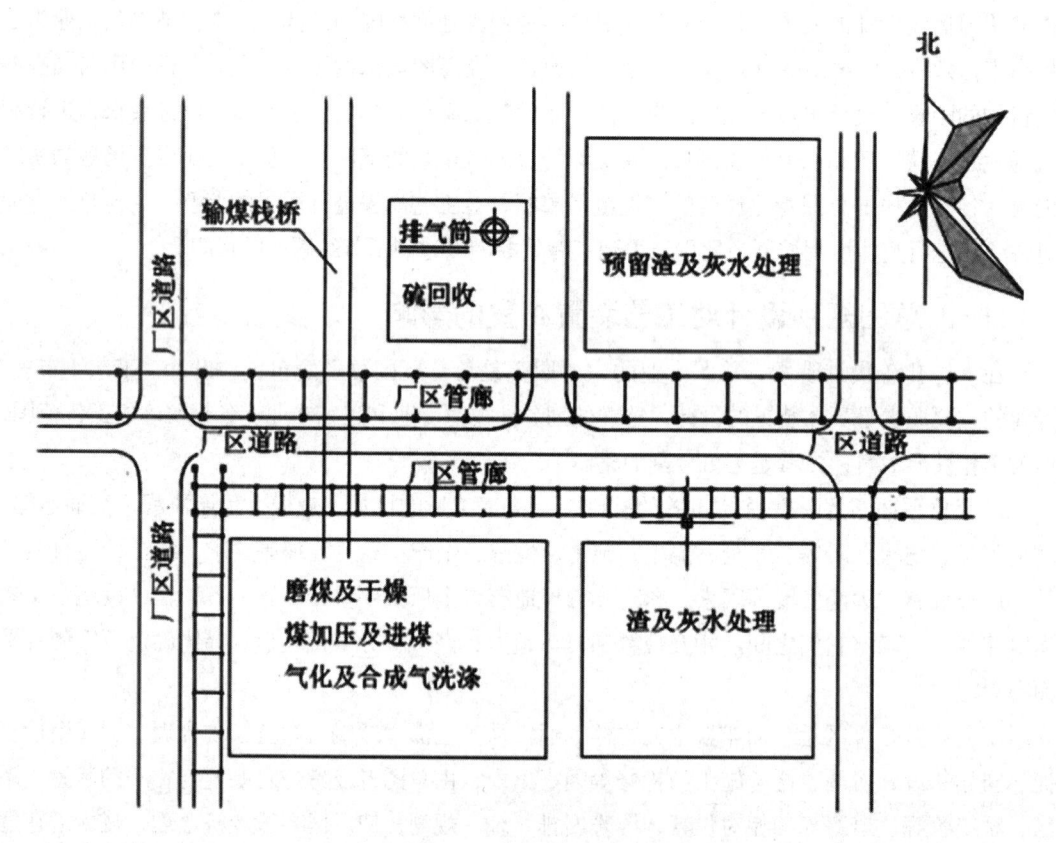

图 4-1 硫回收装置总图布置

管架必不可少，因装置已建成投产，管道无法依托原装置外管架，有些管架需单独设置，有些管架要依托其他建、构筑物，需进行核算。

管道公称直径 DN900mm，操作温度 165℃，需进行应力核算，补加膨胀节或弹簧支吊架。

通常尾气排出压力接近常压或微负压，如果距离较远，压力不能满足输送要求，需要增设风机对尾气提压方可送出，不但增加了设备投资，而且运行、维护费用也将加大。

造成材料和人工时浪费，厂区布置不协调。另一项目脱硫脱碳装置按总图专业确定的平面位置，工艺专业进行设备和管道布置，其中CO_2气体放空管线设置在空分装置的北面，由于风向的作用，排放的CO_2气体刮向空分装置，造成空分装置的空气被污染，空分装置产品质量不达标。这一案例告知我们，尽管总图专业的厂区总平面布置是合理的，满足规范要求，但由于工艺设计人员在进行设备布置和管道走向时，没有考虑排放尾气对其他装置的影响。最终工艺专业对CO_2气体放空管线进行了修改，将尾气排放管线设置在"其他装置全年最小频率风向上风侧"，保证空分装置正常生产，产品质量达标。

以上2个案例，一方面提醒总图专业设计人员，应对工艺生产装置有所了解，对厂区总平面进行合理布置。另一方面提醒工艺设计人员对总图确定的装置位置要有所了解，所提的总图条件要详细一些，尤其是对有烟囱或排气筒设备的装置，应明确表示出烟囱或排气筒的高度、排放介质及其特性等，提醒总图专业考虑对周围装置的影响。同时工艺专业对初步确定了的烟囱或排气筒位置最好和总图专业沟通一下，由总图专业确认烟囱或排气筒的位置是否合适，这样一方面可以避免影响其他装置或设施，另一方面可以避免工艺专业设计文件的修改，提高工作效率，确保设计的合理性。

2. 总图布置变更对工艺装置布置的影响

有些项目由于种种原因，造成已确定的总图布置需要变动。设计工作的性质决定了条件的变更必须及时告知相关专业，否则会给其他专业造成额外的工作量，工作很被动。

某项目一工艺生产装置在工艺专业要求总图会签时，发现生产装置的位置由于其他原因移至道路和外管的北面，原工艺生产装置总图布置在道路和外管廊的南面，而此时结构、建筑、外管、水道等专业都已完成设计。该工艺生产装置设有1个15m×24m、局部二层的造粒厂房，二层设有1台造粒机，和造粒机相关的附属设备有料仓、自动定量包装秤、缝包机、皮带输送机等设备，均布置在造粒厂房内，厂房一层还兼有中间中转仓库的功能，因此要求厂房的大门必须临近厂区道路，便于运输。而总图的变动忽略了厂房大门与厂区道路的关系，造成了运输的不便，这样工艺专业需要对装置布置进行调整，而相应的结构、建筑、外管、水道等专业也随之变动。

这一事例反映出的问题就是条件的变更必须及时告知相关专业，另外，各专业与总图相关的设计文件一定要总图会签，一旦出现问题，必须进行修改，保证设计的合理性。

（二）工艺装置布置对总图规划设计的影响

1. 工艺装置预留地对总图规划设计的影响

有些工艺生产装置由于需分期建设或其他原因需要总图预留场地，预留场地也存在以下几个问题。

工艺专业如果对需要预留的工艺生产装置尺寸大小估计比较合理，提出的总图条件尺寸较准确，总图专业预留出的区域和占地面积相对合理；反之，如果预留出的位置不合理，或预留位置不够，将会造成工艺设备、管道、阀门布置不理想，甚至不合理。

新建项目对预留装置进行了统筹考虑，工艺生产装置的布置和预留比较合理，如果是老厂改造或厂区用地有限，在总图布置时有可能预留的位置不合理或预留用地不够，甚至看整个厂区哪有空地就作为预留场地，造成工艺装置与其相关装置、外管、罐区等衔接不合理。

对于后建装置，有些因素在工艺专业给总图专业提条件时无法预知，在后期的建设中有可能造成与已完工的地下设施相碰的问题。一旦发生这种情况，工艺生产装置需做出调整，如缩小占地面积，或将装置改至其他位置。

某项目一工艺生产装置由于详设和施工都比其他装置晚，在施工放线过程中发现工艺的设备基础与已完成的地下循环水管网相碰，循环水管道为DN1000mm，无法改动，最后只有将工艺设备进行移动，相应的工艺管道、阀门也进行了变动，工艺装置布置见图4-2。

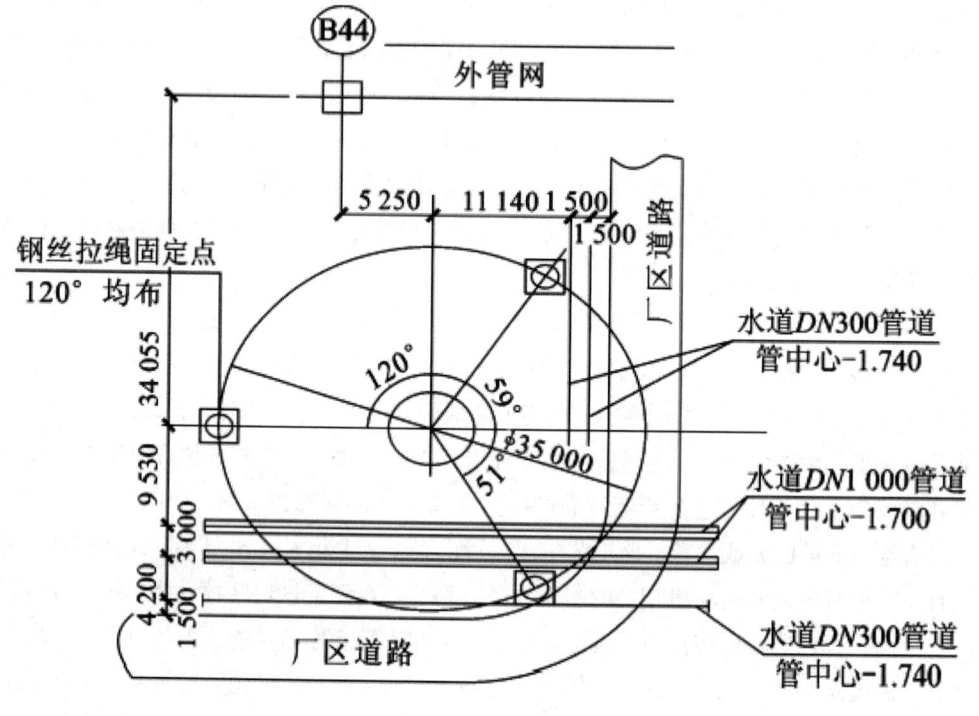

图4-2 工艺装置布置

此问题的出现，提醒工艺专业设计人员：装置中如果有类似的这种设备，在给设备专业提条件时需提前与总图专业沟通，了解总图专业在总平面布置中对工艺装置可预留位置的大小和方位，之后再同设备专业商讨设备结构形式，确定切实可行的设备布置条件。

2. 工艺装置的中间贮罐影响

总图条件对石油化工装置来说，工艺装置内设中间贮罐是很普遍的，GB50160—2008《石油化工企业设计防火规范》中第2.0.18条对装置储罐（组）的定义为"在装置正常生产过程中，不直接参与工艺过程，但工艺要求，为了平衡生产、产品或一次投入等需要在装置内布置的储罐（组）"。第2.0.25条对罐区的定义为"一个或多个罐组构成的区域"。按此规定，装置内的中间贮罐属于储罐（组），故有关中间贮罐的设计应执行相关的标准和规范，满足中间贮罐与装置内其他设备的防火间距及与其他装置的防火间距。

工艺装置的中间贮罐通常需要布置在装置内，GB50160—2008《石油化工企业设计防火规范》中第5.2.22对布置在装置内的储罐（组）根据介质和储罐总容积的大小有规定："液化烃罐小于或等于100m³、可燃气体或可燃液体罐小于或等于1000m³时，可布置在装置内，装置储罐与设备、建筑物的防火间距不应小于表5.2.1的规定"。

有些介质没有明确的规定和要求，如硫回收装置的产品硫酸。硫酸本身不存在爆炸性和易燃性，也没有助燃性，但由于其氧化性和脱水性，在与可燃物接触时，有时会着火，如果按GB50016—2006《建筑设计防火规范》，将其火灾危险性按"不属于甲类的氧化剂"划分在乙类不知是否合适。

硫回收装置由于设备要求，硫酸循环泵压力不能过高，正常操作在0.25MPa（g）左右，如果需要长距离输送，就要设置输送泵。按常规考虑，为保证泵的平稳运行，通常在泵入口前设置中间贮罐，但对硫酸中间贮罐如何设置则无明确的规定，GB50160—2008《石油化工企业设计防火规范》、SH/T3007—2007《石油化工储运系统罐区设计规定》和汤桂华主编的《化肥工学丛书—硫酸》等资料中均无相关内容。在HG/T20546—2009《化工装置设备布置设计规定》和《化工工艺设计手册》中有文字说明"装置内为生产操作需要的缓冲罐和中间贮罐不宜大量贮存甲、乙、丙类液体"，具体贮量是多少不明确，但可以认为，至少装置可以在短时间内少量贮存甲、乙、丙类液体。故从生产、操作的便利考虑，通常将硫酸中间贮罐布置在装置边缘，考虑到硫酸属中度危害介质，应单独设置围堰，以防硫酸泄漏，不再考虑与其他设备和建、构筑物的间距。

装置的布置随着项目的不同，要求不一致。有些项目要求满足GB50160—2008《石油化工企业设计防火规范》的相关规定，这样工艺装置不仅占地大，管道长，而且与相邻设备和建、构筑物有安全间距的要求，同时要考虑设置防火堤或围堰。

对这种没有明确规定的工艺中间贮罐或缓冲罐，是按装置的一个设备来考虑，还是按罐区贮罐来考虑，对总图布置影响较大。

（三）总图规划设计与工艺装置布置之间的关系

项目不论大小，最终的完成都需要各专业相互配合，工艺专业与总图专业之间条件往返次数不多，内容也少，通常是在项目详设前期，工艺专业给总图专业提供±0.000平面设备布置图，最后由总图专业会签确认工艺专业±0.000平面设备布置图的坐标值，中间几乎没有条件往来。因此这看似简单的专业协作，如考虑不周，沟通不好，同样会出现问题，导致各专业的设计文件不能满足相关的标准和规范，影响安全生产，破坏劳动环境，增加项目建设投资等。因此作为设计单位，专业之间必须紧密配合，往返条件必须切实可行，会签必须认真仔细，发现问题应及时修改，确保设计的合理、完善。

二、LNG气化站总图、工艺设计案例

天然气具有清洁、环保、热值较高、无毒等其他能源无可比拟的优点。液化天然气气化站（以下简称LNG气化站），具有将LNG槽车运输的液化天然气进行卸液、储存、气化、调压、计量、加臭并送入城镇天然气输配管网的功能。LNG气化站具有运行成本低、能耗小的优点，在天然气长输管道还没到达或无法到达的小城镇，LNG气化站作为城镇管道天然气气源的应用越来越多。

（一）设计规模和选址

1. 设计规模及用地面积的确定

LNG气化站设计规模主要根据天然气供应用户类别、管道天然气高峰小时流量、计算月平均日用气量确定。气站设计的总储气量根据其供应用户的用气规模、LNG槽车的气源情况、LNG槽车的运输距离等因素确定。若气站供应的是城镇输配管网，总气化能力按城镇输配管网用气高峰小时流量的1.5倍确定，若气站供应的是工业用户，总气化能力按工业用户用气高峰小时流量的2倍确定。根据储罐的总容积和总气化能力确定拟投建的储罐和气化器的型号和数量。

根据储罐和气化器的型号和数量，布置一个初步的总平面图，从而确定大概的用地面积。

2. 站址的选择

结合设计的几个LNG气化站选址经验，LNG气化站站址选择宜按如下要求进行：

服从城市总体规划，控制规划的用地安排，尽量使用城市规划中的市政设施用地或撂荒地，不占用耕地，节约用地并应注意与城市景观等协调；

LNG气化站与周围建筑物之间的安全距离应符合《建筑设计防火规范》（GB50016-2014）、《城镇燃气设计规范》（GB50028-2006）等相关规范的有关规定；尽量将明火地点防火间距控制在用地范围内；

站址应具有适宜的地形、工程地质条件，不宜建在山坡、丘陵等地且应避开地震带、地基沉陷、废弃矿井等地段；具备供电、给排水、通信和便利的交通条件，方便LNG槽车、消防车辆及各种检修车辆的通行；

站址宜选在城市用气负荷的中心附近，使城市管网压降损失减少；

站址选择需满足工艺流程和工艺设备布置要求。

（二）总图布置

1. 总图布置要点

结合几个LNG气化站选址经验及《城镇燃气设计规范》（GB50028-2006）的相关要求，LNG气化站总图布置宜按如下几个要点进行：

总图应分区布置。总图应分为生产区和辅助区布置。生产区主要包括LNG储罐区、LNG气化区、天然气调压计量加臭区、LNG钢瓶灌装台、LNG卸车区、回车场地、LNG汽车衡、天然气集中放散总管等。生产区属于甲类易燃易爆危险区域。辅助区主要包括办公用房、值班室、变配电室、仪表控制室、发电机房、消防水池、消防泵房等辅助用房。

辅助区和生产区至少对外各设一个出入口。当储罐总容积大于1000m^{3}时，生产区应设置2个对外出入口，其间距不小于30m。生产区入口为了方便LNG槽车进出宽度不宜小于8米；辅助区入口大小根据实际需要设置。生产区和辅助区之间可设置一个小门方便运行管理人员出入。

LNG气化站应设置高度不低于2m的不燃烧实体围墙，且生产区和辅助区之间也应设置不低于2m的不燃烧实体围墙。

2.生产区消防车道布置

生产区应设置消防车道，车道宽度不小于3.5m，一般按4m设计，当储罐总容积小于500 m³时，可设置尽头式消防车道和面积不小于12m×12m的回车场。由于50 m³LNG槽车长度约17m长，为了方便LNG槽车倒车回车需要，生产区回车场面积不宜小于25m×25m。生产区回车场可作为消防车回车场使用。

3.LNG储罐区布置

LNG储罐区内布置LNG储罐、LNG储罐自增压气化器、集液池。LNG储罐之间的净距不应小于相邻储罐直径之和的1/4，且不应小于1.5m。

LNG储罐区四周应设置封闭的不燃烧实体防护墙。防护墙高度一般为1m。防护墙内有效容积（即LNG储罐区占地面积乘以防护墙高度）不小于防护墙内所有LNG储罐的容积总和。

4.工艺设备区布置

空温式气化器之间的间距不宜小于2m，方便气化器的通风和吸热，增加气化能力和气化效率。同一组气化器宜单排设置方便布管。

两个槽车卸车位之间的距离不宜小于5m，且卸车位地坪标高应坡向卸车口，方便槽车把槽罐内的LNG余液卸尽。

5.辅助区布置

值班室可设置在生产区和辅助区大门之间或生产区出入口位置。变配电室、发电机房、消防泵房等噪声较大的辅助设施用房布置的时候宜远离生产管理或生活用房。

监控室、仪表控制室宜设置在楼层较高、视野较好的房间，方便监控人员直接现场观察整个气站的运行情况。办公、生活用房宜设置在靠近道路方向，方便事故逃生。

（三）工艺设计

1.工艺设计参数

结合作者设计的几个LNG气化站设计经验，设计储气规模为LNG储罐100m³ 2个，供应对象为城镇天然气输配管网，LNG气化站工艺设计参数可按如下几点进行选择：

（1）设计压力

LNG储罐 0.84MPa

工艺设备及阀门 1.6MPa

调压器前管道 0.8MPa

调压器后管道 0.4MPa

低温放散天然气（以下简称EAG）管道 0.8MPa

低温气态天然气（以下简称BOG）管道 0.8MPa

（2）设计温度

液化天然气液相管道（LNG管道）-196℃

低温天然气气相管道（BOG管道、EAG加热器前管道）-196℃

常温天然气气相管道（NG管道、EAG加热器后管道）常温

（3）压力设定值

储罐安全阀定压值 0.8MPa

调压器前管道安全阀定压值 0.8MPa

调压器后管道安全阀定压值 0.4MPa

储罐增压调节阀开启压力 0.5MPa

储罐增压调节阀关闭压力 0.6MPa

储罐减压调节阀开启压力 0.65MPa

储罐减压调节阀关闭压力 0.55MPa

2. 工艺流程

常规带有罐装功能的中小型LNG气化站工艺流程如图4-3所示。主要工艺设备包括LNG立式储罐2个、卸车增压气化器2个、LNG空温式气化器2组、储罐自增压气化器2个、BOG加热器1个、调压计量加臭装置1套。

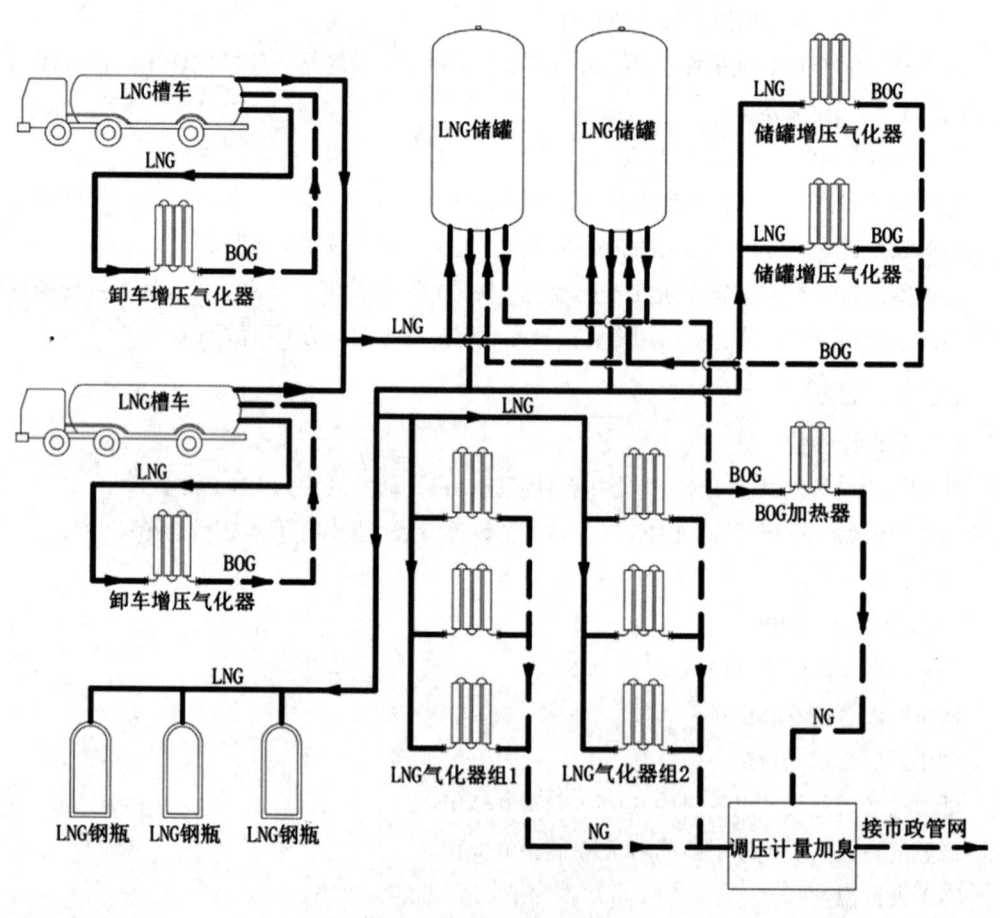

图4-3 工艺流程示意图

（1）LNG槽车卸车流程

打开LNG储罐气相管道阀门，将LNG储罐的压力降低。LNG槽车储罐通过卸车增压气化器升高压力，利用LNG储罐与LNG槽车储罐的压差将槽车中的LNG卸入气化站的LNG储罐内。卸车结束时，通过卸车台气相管道回收槽车中的气相天然气。

（2）LNG 气化调压流程

LNG 储罐一般采用立式储罐，储罐基础距地面高 1m 左右，靠液位差及储罐压力推动，低温液态天然气从储罐流向 LNG 气化器气化为气态天然气，经调压计量加臭后送入城市输配管网。气化区设置两组 LNG 气化器组，相互切换使用。当一组使用时间过长，气化器结霜严重，气化器气化效率下降，气态天然气出口温度达不到要求时，人工切换到另一组使用，原气化器组进行自然化霜备用。

（3）LNG 储罐自增压流程

随着气站内 LNG 气化的进行，储罐内 LNG 不断流出，罐内压力会持续降低，当储罐内压力低于储罐增压调节阀的开启压力时，增压调节阀开启，储罐内 LNG 通过储罐增压气化器气化成低温气态天然气流回到储罐内，使储罐压力不断升高，当压力升高到储罐增压调节阀的关闭压力时，增压调节阀关闭，储罐自增压过程结束。

（4）LNG 储罐自减压流程

为保障没有进行工作的 LNG 储罐的安全，LNG 储罐气相管道装有储罐减压调节阀，当储罐压力超过减压调节阀的设定开启压力时，减压调节阀开启，储罐内的低温气态天然气进入 BOG 加热器进行加热，升高温度后进入调压计量段再接入城市输配管网。随着储罐内 BOG 的不断流出，罐内压力降低，当储罐内压力低于减压调节阀设定的关闭压力时，减压调节阀关闭，储罐自减压过程结束。

（5）LNG 灌装流程

罐装前先对 LNG 储罐进行增压，通过液位差及压差把 LNG 充入 LNG 钢瓶中，当重量达到规定值时，切断阀门。

（6）安全放散流程

LNG 系统尽管采取了保冷措施，但 LNG 仍要受到漏热的影响而产生体积膨胀，导致 LNG 系统压力升高，所以 LNG 系统需要设置超压放散安全阀。LNG 储罐应设置 2 个或 2 个以上安全阀，在液相管道两个阀门之间设置安全阀，防止 LNG 管道压力超限；同时在 BOG 气相管道及 LNG 气化器出口管道上也需设置安全阀。除设置安全阀自动放散外，还需设置人工放散阀，用于管道检修时人工放散使用。所有放散阀或安全阀接出来的放散管都应接到集中放散总管，集中放散。低温气态天然气要先经过 EAG 加热器加热再集中放散。

3. 工艺设备选型

结合作者设计的几个 LNG 气化站工艺设备选型经验，LNG 气化站主要工艺设备选型计算可参考如下几点进行：

（1）LNG 储罐

中小型 LNG 气化站通常采用 $50m^3 \sim 150m^3$ LNG 立式储罐。储罐设计压力一般为 0.84MPa，运行压力小于 0.8MPa，设计温度 -196℃，工作温度 -162℃。总储气容积根据气源情况、运输方式和运距按照计算月平均日用气量的 2 天～5 天的用气量计算。

（2）LNG 气化器

一般为空温式气化器，分两组设置，一开一备。总气化能力按气站供气高峰小时流量的 1.5 倍确定，若气站供应的是工业用户，总气化能力按工业用户高峰小时流量的 2 倍确定。

（3）储罐增压气化器

一般为空温式气化器，一开一备，多台储罐可共用两台增压气化器，进口温度为 -162℃，出口温度为 -145℃。气化器选型分别计算以下两种情况，最大值。

计算卸车后储罐增压所需气化量。

储罐卸车完成后，储罐剩余气相体积的压力在一定时间内由卸车状态压力升至工作状态压力所需气化量。如 100m³ LNG 储罐卸液后罐内 LNG 体积为 80m³，在 30min 内需将储罐余下 20m³ 气相空间的压力由卸车状态 0.4MPa 升至工作压力 0.6MPa 所需气化量为 230Nm³/h。

计算设计流量下储罐增压所需气化量。

将气站设计流量，折合液相天然气的体积，计算补充该体积所需的气化量。加气站设计流量 9000Nm³/h，为了补充储罐内流出的 LNG 体积，需补充折合液相天然气 15m³ 的空间，按储罐内工作压力为 0.6MPa 所需的气化量为 260Nm³/h。

（4）卸车增压气化器

一般为空温式气化器，一个卸车口配备一台卸车增压气化器，进口温度为 -162℃，出口温度为 -145℃。所需气化量按照卸车时间决定。如 50 m³ 槽车，充装率为 90%，卸完一车气用 2 小时的时间计算，则保持槽车储罐压力为 0.6MPa，所需气化量为 390N m³/h。

（5）BOG 加热器

一般为空温式气化器，进口温度为 -162℃，出口温度不低于环境温度 10℃。气化量计算按照回收槽车气相天然气及储罐减压阀启动两种情况计算，最大值。

回收槽车气相天然气所需气化量。

如回收槽车卸车后的气相天然气的时间按 30min 计，以 1 台 50 m³ 的槽车压力从 0.6MPa 降至 0.3MPa 为例，计算出所需 BOG 空温式气化量为 740N m³/h。

储罐减压阀启动排出 BOG 所需气化量。

如设定 LNG 储罐减压阀启动压力为 0.65MPa，关闭压力为 0.55MPa，储罐的气相空间为 80 m³，储罐完成减压的时间为 30min，则 BOG 加热器的气化量为 400N m³/h。

（6）EAG 加热器

为了防止安全阀放空的低温气态天然气向下积聚形成爆炸性混合物，需设置 EAG 加热器，低温天然气放散气体先通过 EAG 加热器加热，使其密度小于空气，然后再进入放散总管高空放散。

EAG 加热器一般为空温式气化器，进口温度为 -162℃，出口温度不低于环境温度 10℃。气化量按照储罐的最大安全放散量计算。如 100 m³ 储罐超压放散的放散量为 147kg/h，折合气相为 196 m³/h，可选 500N m³/h 的 EAG 加热器。

（7）调压、计量、加臭装置

液态天然气经过 LNG 气化器气化为气态天然气，后送至调压计量加臭装置。另外经过 BOG 加热器加热后的天然气也进入调压计量加臭装置。气态天然气通过调压装置进行调压，调压器选型应按设计流量的 1.2 倍确定。调压装置可根据实际需要，设置多路，其中一路备用。进口压力为 0.4MPa ~ 0.8MPa，出口压力为 0.2MPa ~ 0.35MPa。

天然气调压后经过计量装置进行流量计量。计量装置一般选用涡轮流量计或超声波流量计。可根据实际需要，设置多路，其中一路备用。设计压力为0.4MPa。

由于天然气是洁净无味的，当发生泄漏时难以被察觉，所以需对天然气进行加臭后才能使用。气化后的天然气经过调压计量出来需要对其进行加臭，再进入城市输配管网。

4. 工艺管道设计

LNG气化站进行工艺管道布置时可参考如下几点进行布置：

管道与管道之间应保证150mm以上的净距，方便日后维护检修。管道中心离地面高度宜为0.4m～0.6m。尽量缩短管道长度，使管道布置更经济合理，减少管道不必要的交叉。工艺管道区应考虑人行过道的位置。

可利用现场设置的弯头作为低温天然气管道的自然补偿。储罐区工艺管线布置在储罐后方，更美观整洁。管道阀门的位置设计，应考虑阀门操作的方便性和可行性。

在卸车液相管的止回阀上增加旁通阀门可利于以后把LNG储罐内的余液卸到LNG槽车内。

液相天然气管道的工作流速不宜大于2m/s；气态天然气管道的工作流速不宜大于20m/s。

第二节 总图专业对各专业的协调作用

各专业在进行共同参与时，难免会相互影响，相互之间发生矛盾冲突。因此，作为总图设计，必须进行综合调控，统筹安排，运筹帷幄，对各专业实施有效地进行协调。例如：某钢铁企业在进行项目改造中，在新厂区与老厂区之间，需要设置高炉煤气管、低压氧气管、中压氧气管、中压氮气管、中压氩气管、焦炉煤气管，以及设置新区与老区的变电所的联络线等。为此，总图专业在进行设计时，综合考虑结构、动力、水道和电气等专业，对多个方案进行多方面的对比评选，充分发挥了总图专业的协调作用。

一、总图设计中必须掌握的基本知识

化工企业设计当中，总图设计人员承担总图设计任务时，除需掌握常用的间距问题（卫生间距、防火间距、防爆间距、构造间距）之外，必须掌握一些常见的基本知识。

（一）总图设计专业的作用、现状及发展

1. 总图设计的定义

总图设计、总体设计、场地设计、总图与运输设计、总平面设计、室外工程设计、小市政设计、景观设计等。

总图设计：是针对基地内建设项目的总体设计，依据建设项目的使用功能要求和规划设计条件，在基地内外的现状条件和有关法规、规范的基础上，人为地组织与安排场地中各构成要素之间关系的活动。

2. 总图设计各个阶段的成果

图纸根据《建筑工程设计文件编制深度规定》要求，方案阶段：总平面设计说明及设计图纸；初步设计阶段：总平面——设计说明书、区域位置图（根据需要绘制）、总平面图、竖向

布置图；施工图阶段：总平面图、竖向布置图、土石方图、管道综合图、绿化及建筑小品布置图；详图：包括道路横断面、路面结构、挡土墙、护坡、排水沟、池壁、广场、运动场地、活动场地、停车场地面、围墙等详图。

各阶段可能需要绘制的图纸还有：征地图、交通流线图、消防报批图、人防报批图、绿化报批图、地勘定位图、报建（报规）图、建筑定位放线图，配合单体施工图审查的总平及竖向图、场地初（粗）平图，管线报装图、管线过路管预留图、树木移植图等配合图（注意母图永远是总平面图，任何修改和变化应及时修正总平面图，充分利用图层管理器）。

3. 总图设计的重要性

在化工企业总平面设计当中，总图设计起到关键作用，如果没有总图设计必定加长建设周期，增加建设投资，影响建成后的使用，甚至出现影响和谐造成生命财产的损失。（滑坡、水涝、火灾、疏散、交通等）了解总图设计的技术要求可更好地帮助建筑师在方案阶段的工作。

在总平面、竖向布置和绿化设计中考虑雨水的渗透、回收利用，减少硬化地面新技术的运用。如污水的生态处理、地源（水源）热泵技术新型和传统环保材料的运用；如无砂混凝土（雨水的渗透）、新型沥青（强度高、寿命长、噪声小）尊重自然、保护环境及古建（古大树的保留、植被的维护）等。

（二）总图设计的特点及主要内容

总图设计的特点综合复杂性：基地内的一切要素及与城市、相邻基地的关系，自然的要素，各专业的要求。客观唯一性：没有相同的基地，没有相同的外部环境及内部条件，不可重复。控制指导性：研究确定基地内各建设子项的基准条件和要求。不可更改性：影响很大、非常致命。

另外从图纸种类方面注意以下问题。

1. 总平面图

图上信息需有：必要的地形和地物；测量坐标网、坐标值；（又称大地坐标网、城市坐标网、绝对坐标网）；场地范围的测量坐标（或定位尺寸）、道路红线、建筑控制线、用地红线等的位置；场地四邻原有及规划的道路、绿化带等的位置（主要坐标或定位尺寸），以及主要建筑物和构筑物及地下建筑物等的位置、名称、层数；（建筑物性质）；建筑物、构筑物（人防工程、地下车库、油库、贮水池等隐蔽工程以虚线表示）的名称或编号、层数、定位（坐标或相互关系尺寸）；（高度、建筑物、构筑物的轮廓及功能）；广场、停车场、运动场地、道路、围墙、无障碍设施、排水沟、挡土墙、护坡等的定位（坐标或相互关系尺寸）。如有消防车道和扑救场地，需注明；指北针或风玫瑰图；建筑物、构筑物使用编号时，应列出"建筑物和构筑物名称编号表"；注明尺寸单位、比例、坐标及高程系统（如为场地建筑坐标网时，应注明与测量坐标网的相互关系）、补充图例等。（无单独说明书时，应列出主要技术经济指标表。）

如上所列，总平面图全面表达基地内的所有建、构筑物，表达和相邻基地及其建构物、城市公共用地的各种平面关系（地面、空间和地下），基准关系系统采用坐标系统，尺寸标注一般以米为单位，比例常用1：500，1：1000，总平面图是总图设计中最基本工作的成果。

用途：

当地各主管部门重点审查的主要图纸（城市规划条件的落实、和城市道路及现状的关系等，规划、土地、交通、消防、人防、园林、文物、教育、环保、卫生、房产、市政、水利等）。

平面控制其他专业和专业内的工作，是其他工作的基础，其他工作和平面有关系时，必须在总平面图上反映。（如建筑物出入口的确定，地下车库的范围、地勘布点等）

2. 竖向布置图

图上信息需有：场地测量坐标网、坐标值；场地四邻的道路、水面、地面的关键性标高；建筑物和构筑物名称或编号，室内外地面设计标高、地下建筑的顶板面标高及覆土高度限制；广场、停车场、运动场地的设计标高，以及景观设计中水景，地形、台地、院落的控制性标高；道路、坡道、排水沟的起点、变坡点、转折点和终点的设计标高（路面中心和排水沟顶及沟底）、纵坡度、纵坡距、关键性坐标，道路表明双面坡或单面坡、立道牙或平道牙，必要时表明道路平曲线及竖曲线要素；挡土墙、护坡或土坎顶部和底部的主要设计标高及护坡坡度；用坡向箭头表明地面坡向；当对场地平整要求严格或地形起伏较大时，可用设计等高线表示。地形复杂时宜表示场地剖面图；指北针或风玫瑰图；注明尺寸单位、比例、补充图例等。

用途：

表达基地与现状地形、城市、相邻基地、基地内各要素之间的竖向关系。

是道路设计、管线设计、场地污水排水、台阶挡土墙设计、土方量计算的依据之一。

3. 土石方图

此图的用途主要是计算投资造价；指导施工，确定土方外购或外运的数量；反过来可影响总平面布置和竖向布置，促使平面和竖向调整。

4. 管道综合图

此图是在总平面布置图的基础上绘制的，必须包含场地范围的测量坐标（或定位尺寸）、道路红线、建筑控制线、用地红线等的位置；保留、新建的各管线（管沟）、检查井、化粪池、储罐等的平面位置，注明各管线、化粪池、储罐等与建筑物、构筑物的距离和管线间距；场外管线接入点的位置；管线密集的地段宜适当增加断面图，表明管线与建筑物、构筑物，绿化之间及管线之间的距离，并注明主要交叉点上下管线的标高或间距；指北针；注明尺寸单位、比例、图例、施工要求。

5. 详图

详图包括道路横断面、路面结构、挡土墙、护坡、排水沟、池壁、广场、运动场地、活动场地、停车场地面、围墙等详图。总图设计中考虑无障碍设计、残疾人停车位、残疾人坡道、盲道等。

6. 设计图纸的增减

当工程设计内容简单时，竖向布置图可与总平面图合并；（单体工程）当路网复杂时，可增绘道路平面图；土石方图和管线综合图可根据设计需要确定是否出图；当绿化或景观环境另行委托设计时，可根据需要绘制绿化及建筑小品的示意性和控制性布置图；需要时增绘区位图或环境关系图。

(三)总图设计的相关知识

1.总图设计的设计条件

主要包括自然条件和建设条件、公共限制条件。自然条件：地形地貌、气候（气象）、工程地质、水文与水文地质等；建设条件：建设的现状条件、工程准备条件、基础设施条件；公共限制条件：

法律、法规、规范、标准、规定。

规划意见（条件）。

有关部门的要求。

其他限制条件。

公共限制条件通过技术经济指标的控制实现：用地界限、用地性质、容积率、建筑密度、限高、绿化率等；用地界限：用地红线（钉桩报告：红线角点的坐标，宗地、征地与建设用地，代征用地，道路红线），建筑红线（控制线、退线要求）；不良地质现象：冲沟、滑坡与崩塌、断层、岩溶、地震等。

2.地形图的识读

应了解图廓处的标记，测图时间、单位、比例尺、平面坐标系统、竖向高程、基本等高距、图名、图号及与相邻图幅的拼接关系，地形图的方向（一般是上为正北，左西右东，或按字头的方向判定）；识读地形图上的地物分布（建构筑物、河流、道路等）；识读地形图上的地貌与植被分布（山脉、沟谷、地势起伏变化、树木草地等）；地形图常又被称为现状测绘图或现状图；图中的十字线交点的坐标值通常为50米的倍数（距离50米或100米）。

3.等高线、等高距、等高线间距

高程：地面某点与大地水准面的铅垂距离。（绝对高程、绝对标高）；

等高线：高程相等的各相邻点的连线。（直线、曲线、折线）；等高距：相邻等高线间的高差。（1:500或1:1000地形图中等高距为0.5米、1.0米）；

等高线间距：相邻等高线间的距离；水流方向垂直于等高线；应熟悉典型地貌的等高线组。等高线的特性；

等高性：线上各点高程相等，但高程相等的点不一定在一条等高线上；

闭合性：等高线是闭合的。可在本图幅内、外非交性：等高线不能相交重合，除悬崖绝壁等高程突变处；

平缓性：等高线的疏密反映地面坡度，密度舒缓（等高线间距小地面陡，等高线间距大地面缓）；

对称性：山脊线、山谷线两侧出现高程相同的等高线；山脊线处的一组等高线凸向高程低的方向，山谷线处等高线凹向高程低的方向（分水、汇水）。

4.道路的基本知识

交通组织是道路广场设计的重要组成部分，提供良好的内外交通条件，总平面设计对交通组织有决定作用，总平面设计合理的重要标志之一就是交通组织。道路是联系的纽带，组成包括机动车道、非机动车道、人行道、停车场、回车场、广场等；道路设计含平面设计、纵断面设计、横断面设计。

道路的技术要求：道路宽度、行车视距、道路转弯半径、道路交叉点及变坡点标高、道路横坡、道路交叉口设计、道路结构做法。

道路的转弯半径一般为6米至12米，消防车道的转弯半径为9米至12米（消防车的转弯半径可以考虑借道行驶时采用6米）。停车场应注意通道的尺寸（垂直停车时不小于6米），停车位的尺寸（小车应为2.6米×5.8米）。尽端式道路应考虑回车场（120米）。道路的结构做法按路面材料，分为刚性路面（水泥混凝土）、柔性路面（沥青混凝土），生态的路面结构采用砾石路面，有利于雨水的渗透。路基的密实度应在90%以上。考虑节省投资造价，路面结构做法应按照不同的使用要求选用，停车位采用植草砖的做法、人行道采用结构厚度较小的做法。机动车道的单车道宽度为4米，双车道为7米，注意单向和双向行驶的不同要求，人行道应为1.5米以上。道路设计应满足雨水排放、地下管线敷设的要求。路缘石分为平缘石和立缘石两种，考虑雨水回收利用时常采用平缘石，不同的路面结构之间应设置平缘石。

（四）土方的基本知识

尽量少挖少填，土石方总量最少，多挖少填，就近填挖，避免重复填挖。自然标高（原始标高）、设计标高（整平标高）、零线、施工高度（填挖高度）、填方量、挖方量、余土、亏土；土石方应分开计算，考虑最初、最终松散系数。用公式计算地下室、建构筑物基础、道路、地下管线的挖方量；土石方计算的方法很多，常用方格网法和横断面法。横断面法为算出断面的面积乘以断面间的距离，精度低。

（五）管线综合的基本知识

管线布置应合理选择走向，减少交叉和长度、平行道路建筑。早进行管线综合对设计非常有利。管线布置应考虑景观绿化。重力自流管线的要求较高，尽量别的管线让它。

二、总图专业与建筑专业配合

总图专业应严格按照该地区控制性详细规划要求及项目具体的规划条件核对建筑专业提供的主要经济技术指标表，建筑单体明细表，如控规中的用地性质、建筑密度、容积率、绿地率、限高等要求。不能突破上位规划条件约束性指标。

（一）总图在建筑设计中的重要性分析

总图设计的目的是促进建筑企业更好施工，并且通过科学、合理的设计方案来达到建筑单位的要求，如园林工程的建设情况等。总图设计的预见性和全面性的性质，促使人们可以就总图设计，及时发现缺陷和不足之处，从而不断进行完善和改造，增强建筑的建成效果。在制定建筑工程的项目方案时，建筑工程的总图设计工作是由建筑人员来完成的，因此，在实际设计的过程中，经常会由于设计偏向的重点不同导致较多问题出现。例如在设计时，注重对建筑方案的修订和完善，忽视了对施工环境、建筑条件和项目类型的考虑。因此，虽然建筑工程师在设计建筑工程方案时，花费了大量的时间和精力，同时，也完成了相对完善的设计方案。然而由于对建筑与结构、设备、环境等之间的关系没有进行系统的分析和探讨，导致建筑企业在以后的施工和设计工作中存在着大量的问题，直接影响到建筑单位的正常施工及造价工作等，导致建筑工程在施工的过程中加剧了同工程造价之间的矛盾。因此，为了有效地缓解施工同工程造价之间的矛盾关系，建筑工程师需重新修改乃至推翻原来的设计方案，这不仅浪费了大量的时间和精力，也极大地打击了建筑工程师的工作热情，从而促使工程的施工进度受到影响。

总图设计在建筑设计中的应用，具有更加明显的效果。总图设计方案的科学性和合理性，有助于促进建设项目的审批工作得到有效落实，为了确保总图设计更加科学、合理、美观，需要加强相关设计人员对总图设计的认识，按照相关的法律规范和设计的原则来完成总图设计工作，并且积极完善各种细节问题，促使总图设计方案中各项元素的设计，更具有专业性和科学性，最终促使建筑单位相关管理人员从整体上来管理施工过程。

（二）建筑设计中总图所需注意问题分析

1. 绿化布置

在布置总图过程中，绿地率为其所关注的核心问题所在；在实际设计中，由于存在比较严重的用地紧张问题，因此，有时较难做到与规范要求相适应的绿地率，因而在进行总图布置时，需要对各功能区进行有效、合理的协调，无论是在道路附近，还是在建筑物旁边，再或者是在地下室上方等位置，都需要根据实际需要，对水平与垂直方面进行绿化，除此之外，还需确保地下室上方位置具体的覆土厚度，与绿化的相关要求及标准相符。针对新区建设绿地率来讲，通常情况下，需大于或等于30%，而对于旧城，其绿地率应大于或等于25%。在规划用地中，针对那些已经存在的树木则尽可能将其保留下来。而在布置绿地过程中，需根据实际需要，设置绿地无遮挡，以此来最大程度地保证整个绿地的成活率。依据绿地的具体位置来进一步明确绿化形式，从中选择为敞开型或者是封闭型，除了需要具有能够满足老人、儿童休息、玩耍的场所之外，还不能对建筑物当中的居民生活造成干扰。如果需要贴近建筑物，则需要尽量不布置那些高大的乔木，以免其对建筑物的正常采光造成较大影响。

2. 道路交通

在开展总图设计时，一般情况下会影响到道路交通：

道路的线型应比较顺畅、圆滑，转折不能生硬，该种设计能够方便消防车、清运垃圾车等的进出与转弯，但针对内、外联系道路来讲，需尽可能做到通而不畅，以此来最大程度减少车辆穿行在此小区时所造成的影响与干扰。

在布局住宅楼时，需要紧密联系小区内的道路，做到道路的时刻通畅，并做到楼门号的有目的性、规律地编排，这样能够大幅减少访客人员寻找的时间。

好的道路网需要与交通功能相满足，最大程度节省道路铺设长度及用地。交通的便利与否，并不代表方便道路的纵横交错，而需要一个结构比较明显，并且还与交通的具体要求相符的路网。

3. 布置总平面

在对总图进行设计时，需保证其在布置总平面时，与一定的规范或要求相符。首先，针对总平面图来讲，需要设置特定的范围。除了要囊括用地范围之外，还需包含周围的建筑物及道路规划等。如在对小区当中的道路进行设置时，需保证其有多条出口（>2条），除此之外，还需保障小区当中的核心道路连接于外围的道路，而且方向不能少于两个；而在布局建筑物方面，需要依据城市规划的具体要求与相关需求，结合与环境间所存在的关系，开展总体性、合理性设计。而对于各个建筑物间的间距而言，需要满足防火要求，并做到光照充足；如果位于地震带上，那么需要依据具体的设计规范与要求，对建筑进行合理化的布局；而在实际布局过程中，需做好分流，防止小区当中的车、物流与人流等出现相互影响或干扰的情况，除此之外，还不会对消防、停车等造成影响。

三、总图运输与工艺设计专业配合

（一）总图运输与工艺设计的关系

从我国当前的工业项目设计工作来看，工艺专业与总图专业是整个项目设计中的主要专业，它们担负着项目设计的重任，而这两个专业在设计工作中的关系又是如何呢？现进行以下分析。

工业项目的生产过程是设计的主体，为了分析总图运输与工艺设计关系，首先要分析生产过程设计的内容和特点。现仅就原材料、能源产业生产过程进行分析。这些产业是工业生产中的一大部类，包括钢铁、有色、煤炭、建材、石油、化工等企业，这些企业对整个工业项目来说是有代表性的。这些企业的生产工艺流程之特点是从原料到产品的生产过程是原料边加工边流动的过程。加工就是生产原物料通过各段加工环节进行加工，称为"工序"。流动是物料通过各个工序前后的搬运过程，也是工序之间的联结线，称为"物流线"，各个工序和物流线组成了整个生产过程。

工序一般是由生产设备或装置炉、窑等形成的。物流线的物料搬运，常用机械运输形式如胶带运输机、链带运输机、辊道、电动小车、管道等和铁路车辆运输形式。车间内工序之间的搬运，常用机械运输形式，车间外、车间之间的搬运常用车辆运输形式也有胶带、架空索道、管道等运输形式。

这样，企业生产系统在厂区内是由各个车间、露天装置及其他辅助车间、设施所组成。在设计中，以上生产系统工艺专业与总图专业的分工情况是：

工艺专业负责：

生产方法和工艺流程设计；

工序工艺设备、装置选择或设计；

车间内工序包括物流线配置；

车间内物流线设计。

总图专业负责：

场地内生产车间、装置及物流线布置；

其他设施及建筑物布置；

铁路、道路运输设计。

企业的生产过程是由多个工序和工序之间的物流线所组成，由于有些工序有防雨、防寒等要求，需要建筑物车间遮挡，在一个车间内根据工序条件可以配置一个或多个工序，有些工序装置可以露天设置，这样，这个过程将由多个车间、多个装置及其物流线所组成，在车间内的工序及其物流线是由工艺专业进行配置和设计，简称车间配置，在场地上各个车间、装置及其物流线是由总图专业进行布置和设计，简称场地布置。由此可见，两专业在设计中从总体上看是协作、配合共同承担同一项任务的关系。

为了进一步探讨两专业在设计中的具体关系，再进行以下的分析。

1. 车间配置里与场地布置的转换

项目设计中，不仅要求工艺流程设计先进合理，并且要求实现流程的工序设备、装置等与物流线运输线路的布置和配置也要合理。为此，生产过程中一些车间内的工序数多少不是固定不变的，在特定条件下要求按照最合理的形成确定车间、工序和物流体的组合。例如，某一矿山企业矿石破碎系统，其中粗和中、细碎各工序在特定条件下可以配置在一个车间内，也可配置在2个或3个车间内。3个工序在一个车间内，对3个工序及其物流线的安排属于车间配置，3个工序分别在3个车间，在场地上对3个车间及其物流线的安排属于场地布置。

这说明，可以将车间配置转换为场地布置，或是将场地布置转换为车间配置。这种转换在满足生产工艺的要求上是一致的，但对企业的经济效益投资与生产成本、生产管理可能大不相同。

上述组合转换是车间、工序组合形式的变化，又是项目设计中，工艺专业与总图专业分工范围的变化。

2. 适应场地条件

一个工业项目的建设场地条件，不可能都是很理想的，往往有多方面的限制，如何在这种条件下进行企业的总平面布置，有许多重要技术问题需要解决，要求总图与工艺两专业同时采取措施，有时还要求两专业改变常规场地布置形式和常规车间配置形式，共同努力、协作配合，只要协作得好，往往能取得良好效果。

例如，攀钢位于川西山区，在一个狭窄弧形山坡地带上（地形高差达80m，长度约3km，宽度约1km）建设一个大型钢铁厂，创造了钢铁厂建设历史上的一个奇迹。这是总图与工艺专业协作配合，采取了很多特殊措施和方法才得以实现的。

又如，上海宝钢后期扩建规划中，炼钢区总平面布置因场地限制，常规的场地布置形式和炼钢车间常规配置形式不得不改变，结果是将铁水罐倒罐站与炼钢车间从常规的平行布置形式改变成垂直布置形式。同时，在炼钢主车间配置上，采取铁水罐转90°的措施，这样，才使后期规划能够实现。

类似事例还有许多，可以看出，在满足和适应场地条件进行总平面布置方面，工艺专业也是大有可为和大有潜力的。

3. 探求最佳物料运输方式

原材料产业的特点是生产过程中物流量大，节约物流运输投资和成本是设计的重要任务。整个企业生产物流线，是由工艺与总图两专业共同完成的。工序之间、车间之间的物流线一般是单一运输方式，在某些情况下是几种运输方式组合而成，其运输方案的确定和设计工作经常是工艺与总图两专业共同承担。这里，两专业除了要协作配合外更重要的是要做好运输方式及其组合方案的比较和优化，共同探求最佳物料运输方式及其组合。

例如，某矿山矿石运输，在山区地形和特定条件下，采用汽车——破碎——架空索道组合运输方式。近年来，也常用汽车——破碎——长距离胶带组合运输方式，以代替过去常用的单

—铁路和道路运输方式。

又如，钢铁厂的烧结矿和焦炭至高炉的运输从过去的铁路运输改为胶带运输。

4. 采用新工艺和新技术

工序和物流线组成了生产过程，如果在一定条件下积极探讨和采用新工艺、新技术，将可以改进工艺、简化流程、降低能耗、缩短运距、总平面布置更趋合理，企业效益显著提高。通常某些新工艺、新技术的采用是以工艺专业为主、总图专业配合共同完成的。

例如，露天开采矿山开拓运输，采用溜井平硐开拓运输方法和间断—连续开拓运输系统。

又如，大型现代化钢铁企业，采用直接热轧制，使炼钢、连铸、热轧能够成组联合布置等。以上新工艺、新技术的采用，使矿山运输和钢铁厂布置面貌显著改观。

由此可见，工艺改革不仅是生产工艺流程的革新，同时能使工厂总平面布置与运输发生巨大变化，也可以说工艺改革是总图运输改革的根本和先导。

5. 设计方法要求

项目设计工作中，对一个完整的生产过程进行配置与布置，是一个整体性工作，应该统一构思、统一设计，现由两个专业分别担任，必然会产生脱节或某些不足，因此要求两专业的设计者对该问题有充分的认识，为了弥补这个缺憾，两专业更应该重视协作配合问题，同时项目总设计师也应充分认识到这一点，要重点检查两专业在配合中所存在的问题。

德光铜矿的总体布置是总图运输与采选工艺在设计中统一构思、统一设计的良好事例。

从以上分析可知，总图专业与工艺专业在设计工作中具有转换性、协作性、密切联系的特殊关系，正确认识这种关系，是保证项目设计中生产过程完整协调的关键。

如果两专业对上述关系认识不足，在设计中各自为政不能协作配合，将会给设计造成缺陷。由于项目设计中的总体布置、总平面布置、运输系统等是设计中重大问题，它牵涉企业生产流程是否顺畅、布局是否合理、管理是否方便、经济效益是否最优，同时工厂建成后总平面布置具有不可变动性，如果产生错误，将不能得到纠正，造成企业"终生"遗憾。

综上可知，企业生产工艺流程是总平面布置的"主导"。欧美等国家的工厂总平面布置是由工艺工程师配合土建工程师共同进行的，也有由项目经理亲自组织以上人员进行设计的，这样做有一定道理，这些国家的总平面布置图也很有章法、有特点，有很多值得学习之处，其原因就是他们的总图布置最起码的是能紧紧抓住生产工艺流程这个"主导"问题。

总平面布置学是为了合理地解决工程布置而处理工程建设内外部关系的科学。总图运输研究范畴广、涉及矛盾关系多，要正确处理和协调各种矛盾和关系，生产功能要求与建设场地的各种条件是主要矛盾和关系。

从以上总图运输与工艺设计关系的分析，可知在项目设计中两专业的关系是十分紧密的，有合作关系，也有协作配合关系，这种关系应为两专业设计同志所了解，也应为项目总设计师和设计单位的领导所了解。

为此，在工业设计院的设计工作中，应建立约束机制。如：

在构思方案阶段，工艺专业的车间配置设计，总图专业要参与总图专业的总体布置和总平面布置设计，工艺专业也要参与。

工业设计院的各设计专业，如果需要专业组合，工艺专业应与总图专业组合在一起。

工业企业的总体布置、总平面布置的设计，有条件时应由项目总设计师与工艺、总图两专业的主要设计者一起构思方案、共同设计，并在其中起协调与决策作用。

为了做到两专业的密切配合，做到知己知彼，提倡双方努力学习并掌握对方的专业知识，特别是总图专业人员一定要努力学习和掌握本行业的生产工艺知识。

（二）专业与学科的性质

在工业项目设计中，当产品、规模决策后，生产方法和工艺流程的设计就是设计的主要部分，所以在工业设计院工艺设计专业也称主体专业，其他专业称辅助专业，总图运输也作为辅助专业。

总图运输与工艺设计关系除了是紧密的合作、协作关系以外，还可以从以下几个方面分析：

从担任的设计任务分析。设计工作中总图专业除了担任总图专业本身设计任务外，还担任生产工艺设计任务（即生产工艺流程布置与生产物料运输设计）。

从设计成果分析。总图专业主要设计成果（总平面布置）明显地反映出各种生产工艺的特性，如矿业、钢铁、化工、机械等行业的总平面布置都是截然不同的。

从总图运输设计技术特性分析。总图运输设计技术的工艺性很强，不同行业设计单位的总图设计人员都具有本行业的特定的总图运输设计技术，如搞化工厂总图运输设计的总图工程师让他搞钢铁厂总图运输设计就会很困难，反之亦然。

从承担设计工作内容分析。工业项目设计是由多专业共同担任的，但总图专业与工艺专业都承担项目设计中的主体部分。

因此，可以认为总图运输专业属于准工艺专业或准主体专业。由于生产工艺与行业是有联系的，某一生产工艺属于某一行业，那么总图专业则既有总图专业性又有行业性，是两重性专业，这是最主要的属性。

总图专业这种两重性的属性，将会对专业设计、学科研究、专业教育产生影响，对专业设计的影响已如上述，对学科研究、专业教育的影响有两方面：

一是学科研究。学科研究应从本专业的两重性出发，即除了进行单纯的总平面布置学研究外，还要进行行业与总平面布置相结合的研究，即为行业总平面布置学，如矿山总平面布置学研究，钢铁厂总平面布置学研究，化工厂总平面布置学研究，上述行业总平面布置的研究将具有重要的实际意义。

二是专业教育。既然专业具有两重性，专业教育也应适应这个特点。学校培养出的人才，应该既懂总图专业知识，又懂行业技术知识。我国高等院校设置总图运输专业的尚不多，以西安建筑科技大学为例，该校课程设置除了讲授总图运输专业课程以外，还讲授钢铁生产工艺课程，这样做从本专业的两重性角度来说是正确的，但学生毕业后少数人可能进入钢铁设计单位，大部分人将从事其他行业工作。

（三）专业与学科的命名

"专业"系指总图运输在工业设计、建设及生产部门和高等院校划分门类而言。"学科"系按本专业的学术性质在学术研究中划分门类而言。

专业和学科命名的原则是能够反映本专业或学科中最重要的特定内容的最恰当、最简明的词语。

根据以上原则可以将专业命名和学科命名分别探讨。

1. 专业命名

本专业在我国工业设计单位发挥作用最大，影响也最广泛。在设计工作中本专业最主要的设计内容是总平面布置（图）与运输设计。一个工业企业的总平面布置与运输设计是紧密联系而不可分割的统一体，如果说工程布局是本专业的核心，那么构思布局的关键就是物流与运输。同时，在工业企业设计中，本专业还担负铁（道）路专业设计任务。因此，从设计角度看，本专业名称应该含有运输之意。

从高等院校本专业课程设置和学习需要来说，除了有关总平面布置的课程外，还有工业运输课程，所以专业名称也应含有运输。

综上分析可知从专业工作性质和内容，以及专业命名原则来说，专业名称为"总图运输"是可行的，至于对现有名称提出改名问题，已提出的建议名称中还没有比现有名称更恰当的名称。

2. 学科命名

从建立科学研究角度来说，本学科最重要的特定内容是总平面布置，它的含义可以包容（企业）总体布置、（工业场地）总平面布置、运输布置、管线及设施布置等。因此本学科的命名可以采用"总平面布置学"。如果考虑到本学科行业性的属性，也可以在学科名前冠以行业名称，如钢铁厂总平面布置学、化工厂总平面布置学等。本学科有的建议名称由于它的含义范围过大，没有提出本学科明确的特定内容，似不恰当。

本专业名称为"总图运输"，学科名称"总平面布置学"，两者工作内容原则上相同，但工作对象的侧重点不同，所以名称可以不一致，但两者互相配合，相得益彰。

四、总图专业与机电专业配合

总平面设计中需给各设备专业与城市接口方向留出管线通道。雨水、污水与城市管线接口方向、接口标高需与给排水专业协调，以便确定竖向设计方式及场地标高。如城市重力管线接口不能确定，也需要与给排水专业协商在竖向设计中留有余地。雨污水重力流管线敷设在地下室顶板上覆土时，应核算地下室顶板覆土是否满足管线的埋深要求，尤其是核算线路较长，管线坡降较大时，管线末端处的覆土是否满足要求。

在总平面设计中机电专业所需建、构筑物项目应提供齐全，如雨水调蓄池、化粪池、燃气调压箱、室外变电站等所需面积及要求，供总平面设计留出其位置，避免缺项。管线综合图设计中，管线通道预留紧张时，应在方案阶段画出与污水井、电井、燃气井的实际尺寸，保证管线平面不冲突，为后期施工图深化设计打好基础。

（一）综合机电图设计要点

1. 设计依据

综合机电图只是一种过程性图纸，它是用于施工过程中的优化图纸，设计时必须依据：

各专业施工蓝图；

国家现行设计和施工规范；

设计和现场变更文件。还需注意：加强与建设、监理和设计单位的及时沟通，充分理解图纸的设计意图和建设方的具体要求；不能闭门造车，纸上谈兵，要经常去现场实际勘察，及时掌握现场第一手资料，方可做到有的放矢，实用而不返工。

2. 管线分类

综合机电图设计重点是室内高位部分，高位是指吊顶（无吊顶则指机电安装最低完成面）以上部分。最大化提高安装标高、优化管线平面布局、合理控制施工造价是设计的主要目标。一个良好的设计会考虑性价比，权衡方案利弊，达到最优设计。需要优化的管线主要有：

给排水专业：生活给水管、排水（包括雨水、污水、废水等）管、消火栓给水管、消防喷淋管、生活热水管等；

暖通专业：平时送（排）风管、消防排烟（补风）管、中央空调新风管、空调冷冻水管、空调冷却水管、空调冷凝水管、地暖管等；

电气专业：高压电缆管（≥10kV）、电力桥架、动力照明线槽、弱电线槽、消防线槽等。由于其他管线占用空间小，可不纳入设计范围；

其他管线：如市政供热和供气管、供电局电源入户管、有线电视及通信管线等，这些管线一般由其行业专业深化。

3. 管线优化调整

分清管线主次，留有调整空间。

设计时，充分了解各专业管线数量和大小，确定优化主次顺序，不可盲目下手。根据作者经验，暖通系统的风管尺寸较大，对其他专业影响较大。另外，消防管道多，口径大。首先，处理好这两类管道的关系尤为重要。当空间足够时，优选错层布置方式，错层原则可根据喷淋系统喷头形式确定，如系上喷型，消防管于风管上敷设，反之，于风管下敷设。

其次，考虑其他管线、电气桥架（线槽）等与风管发生交叉而上翻的情况，须事先将风管全部调整到建筑结构梁之间，防止风管布置于梁下而无翻越空间的情况发生。最后，应注意切勿在梁下顺布管道，一般应离开梁距 500mm，以便当与其他管线发生交叉时具有处理空间。

管线调整的一般原则。

管线布置的总则是：尽量错排、并排、向上、紧凑，且留有足够的安装检修空间。尽管如此，还是会发生多处冲突情况。遇到这些问题，按如下原则顺序处理：

避让原则。

承压避非承压；

可弯避不可弯；

小避大；

冷避热。

上下原则。

电气在上水在下；

给水在上排水在下；

风管尽量贴梁底（大口径管道翻越风管时应进行综合评判）。

管线调整应满足规范及检修要求。

调整应满足国家现行设计、施工及验收规范，不得违反强制性条款。各种管线与墙、梁、柱的间距要满足施工和检修的要求。管线优化的重点是地下室，因为地下室管网交错复杂、水平干管多，在排布时除另有特殊要求外，一般可参考下列规定：

普通水平干管与其他建筑构件之间的最小距离。与排水管道的水平净距一般≮500mm，与其他管道的净距≮100mm，与墙、地沟壁净距≮80mm～100mm；与排水管的交叉垂直净距≮100mm；当无管件时与梁、柱、设备净距≮50mm；当有管件阀门时与梁、柱、设备净距需据管径适当增加，以利于检修；

消防自喷管道中心线与梁、柱、楼板的最小距离如表4-1所示。

表4-1 消防自喷管道中心线与梁、柱、楼板的最小距离

管径（mm）	25	32	40	50	70	80	100	125	150	200
距离（mm）	40	40	50	60	70	80	100	125	150	200

当共用支架敷设时，管外壁距墙面不宜小于100mm，管径最大的管外壁距梁、柱不宜小于50mm。管道上安装法兰、卡箍及阀门时，应考虑到后期的维护和检修，不宜并列安装，应采用错位安装方式；

电缆桥架和线槽与其他管道的平行净距不应小于100mm。

4. 设计步骤

仔细阅读建筑和结构专业图纸，搞清各部分的主次梁位、梁高、板厚及地坪标高等数据，了解建筑天花的结构形式和标高。然后，以建筑图为基础，绘制带有准确梁线、柱体、剪力墙、后砌墙的建筑平面图，作为绘制综合机电图的底图，图层颜色宜采用253#色；

绘制各专业管线图。最为简单的办法就是利用各专业设计蓝图，通过关闭图层的办法只保留所需管线，也可通过直接删除多余图层的办法绘制。根据实践经验，建议：第一，不同专业的管线图应独立绘制，且易分不宜合；第二，不同专业或同专业不同类的管线，宜用不同颜色区分，其中，黄色不宜选用；第三，管线应按比例采用多线画法，对口径≤DN25的管道可以采用单线画法；

确定机电安装标高。除特殊要求外，一般根据实际层高，规范规定和建筑要求，确定机电安装高度，如：第一，走廊的净空要求通常为≥2200mm（具体以建筑要求为准）；第二，地下室车库的净空高度要求通常为：车道≥2400mm（至少≮2200mm）、单层车位区≥2200mm（至少≮2000mm）、双层车位区≥3600mm；

绘制综合机电图。大多数人通常采用AutoCAD图层复合法绘图，即将给排水、电气专业管线复制到空调通风图中，然后对重叠的各种管道反复调整和移动。这个过程需要确定十几种管道的上、下、左、右相对位置，并要注意不同管道的"避让"和"上下"原则。作者认为，该方法存在某些不足，如：图形文件大、管线多、图层多、不便操作、绘图效率低下等问题；

绘制局部剖面图。在管线密集、交叉较多和安装高度有困难的地方，要根据结构的梁位、梁高、建筑层高及安装后的高度要求等，绘制局部剖面图，以清晰反映各专业管线的交错排布

情况，必要时，还应调整个别管道（如风管）的截面尺寸。

（二）CAD 外部参照在综合机电图设计中的应用

利用 AutoCAD 外部参照功能设计具有很多优点，一是能保证各专业设计、修改的同步性。二是文件容量小而处理的图形量大。三是提高绘图速度。四是能优化文件数量，提高文件管理效率。作者经过不断摸索和学习，成功地将 AutoCAD"外部参照"功能应用到综合机电图的设计，实践证明，该方法在综合机电图绘制时，具有调整简便、图层易控和绘图效率高的特点。

1. 文件的建立

AutoCAD 外部参照（External Reference），简称 Xref，是指在 AutoCAD 环境下用户能在自己的当前图形文件中用外部参照的方法看到任何其他图形。由此，建立一个 *.dwg 的新文件并命名保存，这个文件就是我们要完成的综合机电图。

2. 各专业图的引用、拆离和卸载

（1）专业图形的引用

在 AutoCAD 中将其他图形调入当前图形中的方法有两种，一是块插入法，二是外部参照引用图形。两种方法的主要区别在于所引用的图形文件与当前文件的关联情况，前者无关联，后者有关联。在绘制综合机电图时通常采用第二种方法。

（2）专业图形的拆离与卸载

当前图形不需要外部参照文件（如某个专业管线文件）时，用外部参照管理器对话框中的拆离按钮将其删除，此时删除的文件与当前文件不存在任何关联。如果既想隐去又想保留与当前文件关联的某个外部参照文件时，用外部参照管理器对话框中的卸载按钮将其暂时隐去。当重载外部参照时，所有信息都将恢复，这种操作和图层冻结与解冻极为相似。通过参照文件的拆离或卸载，可以方便地根据需要控制图纸出图时所包括的专业范围，明显提高系统的运行速度。

3. 图形编辑修改引用的参照图

图形编辑方法：一是打开需要编辑的图形文件，修改完毕保存后，当前文件就会提示参照文件已经修改需重载，确认重载即可。二是在当前文件中，鼠标双击需要编辑的参照图形，在弹出"参照编辑"对话框内点取"自动选择所有嵌套的对象"后"确定"，可进入在线编辑，待编辑完毕后在"参照编辑"的对话框内点取"保存参照编辑"后"确定"，则完成参照图形的编辑并返回当前文件的编辑状态。

4. 图纸的出图

通常，大多数设计者都在模型空间绘制和打印图纸，这种方法其实并不可取，建议大家应该掌握在布局空间视口布图方法。在布局空间里，根据出图大小、图纸比例等，通过视口合理布图，力求做到图面整洁、文字大小符合规范。

五、总图专业与景观专业配合

场地内如有古树、名木需要保护时，景观设计师应予以保留。在其树冠垂直投影 5m 范围内禁止建设任何永久性和临时性建筑及道路、管线的敷设。场地内有河道、湖泊等自然水系需保留时，靠近上述水系的建筑物标高要高于其最高水位，并留有设置相应隔离设施的位置和距离。竖向设计中应对全区路网场地等主要区域给出控制性标高，作为景观场地设计的基础条件，如果区域内设计有人工景观水系，对水系要给出最高、最低水位控制标高。总图专业在管线综合时，应结合景观方案设计图纸，避免穿过景观水系及主要景观节点场地，梳理管线路由，为景观的植物种植留有余地，避免各管线的井布置在广场、步行道、小品等重要的景观节点处，各管线的井还应尽量避开机动车车道布置，尽量布置在绿地或者隐蔽的地方。

（一）工业区景观总图设计理念

1.功能与环境的统一

众多的生产功能关系中，生产工艺流程是起主导作用的。厂区功能分区、建筑与空间布局、运输路线及方式、动力供应及各种管线敷设等，都应该符合生产工艺流程的要求。厂区交通运输是实现工艺流程的重要环节，道路、轨道等交通空间的布置应力求短捷、紧凑、人货分流，避免不必要的交叉。工业企业有着特殊的生产工艺流程、安全、管理要求，厂区的景观规划设计必须本着功能第一的原则，使环境景观在道路流线、空间场地的组织上遵循这些特殊需求。

2.保证安全，美化环境

工业企业生产方面的污染源于干扰因素较多，诸如有害气体、烟尘、污水、废渣、噪声及振动干扰、火灾及爆炸等。从安全生产及工人劳动保护等方面考虑，道路空间及建筑布置，应按规范保证有一定的安全、卫生距离，充分利用风向、流向、地形变化绿化等因素及措施加以防护处理，并根据以上要求，有效地组织生产空间和美化环境。

3.有利生产，方便生活

结合生产工艺和当地的自然条件，本着有利生产、方便生产管理和职工生活的原则，合理布置好行政管理和生活福利建筑，处理好生产区与厂前区、居住区的关系，处理好相应的厂内环境空间与绿化、美化等问题。

4.注重企业精神风貌展示

厂区景观是展示企业形象、体现企业精神的重要手段之一，因此，在设计开始之前应对工厂的企业文化和企业精神进行深入调研和思考。现代化的工业厂区应展现多样性、独特性，要求建筑、环境景观形象与企业文化联系起来，塑造具有独特形象的厂区建筑，充分反映出工业企业文化内涵、精神风貌和工艺水平，突出企业品牌形象，凸显出企业的个性和地位。

5.强化"以人为本"的理念

"以人为本"的企业文化和管理理念是企业多年来长足发展的基础之一，作为企业发展的生产中心，企业的环境景观也必须对此有充分的重视。企业要运用地源等诸多有利条件，把园林艺术引入工厂，进行园林式厂区环境的建设，通过有形的景观意象来体现整洁、明朗、规范的企业风格。在这样的文化环境下，员工受企业精神的指引。

（二）工业区景观总图设计要点分析

工厂的自然环境是由工厂建设场地的客观实际所决定的，它包括工厂总平面布置、竖向布置、路网（道路、管线）布置及绿化美化布置等环境要素。因此，应高度重视工业厂区的总体规划设计，解决好经济建设与环境保护的辩证关系，保护地方整体生态环境。

工厂总图设计的目标是追求企业的整体综合效益，是从环境保护的角度出发，采取环保节能的预防举措，对环境保护及其可持续发展具有重要意义。

1. 工厂厂址选择对工厂生态环境的保护

近年来，工业发展所导致的环境污染主要体现在工厂的周围地区，因此，环境污染与厂址选择有着直接的关系。一般有两个方面的原因，一是厂址选择过程中缺乏环境保护的意识，对工厂的性质及其工艺特点、产品结构、原料消耗等认识不够，或者对工厂产生污染的可能性、严重性研究不够；二是厂址选择不合理导致环境污染，工厂不适当的分散或过于集中都将给环境造成危害，如不顾工业本身性质而将大量排放废气的工厂布置在不利于烟尘扩散的盆地等地形区，这会给工厂建设在环境问题上带来不足。

综上所述，通过合理的厂址选择，做到在工厂的地理位置上使工业特点与环境特点相适应，从而达到环境保护的目的，也就是说，从环境特点出发研究工厂合理的地理位置及临靠关系。同时，要根据工厂的性质，深入研究备选场地的地形、气候、工程及水文地质等环境特点及其污染物稀释和扩散规律，确定最终厂址。

2. 工厂总平面设计对生态环境的保护

工厂总平面布置是在既定厂址和工业企业总体规划的基础上，根据生产，使用安全、卫生的要求，合理地确定场地上的所有建筑物、构筑物、交通运输道路、工程管线、绿化和美化等设施的平面位置，从保护生态环境，防止环境污染的角度出发，工厂总平面设计要充分考虑环境特点进行合理布置。

（1）利用大气污染物输送方式进行总平面布置

由于污染源向大气所排放污染物的浓度分布是不均匀的，这种不均匀性由当地风频所决定，形成了按风象进行总平面布置的设计原则。在进行总平面布置时，按照工厂各生产单元产生污染的程度和对环境的要求不同，科学地进行规划、布置，避免将来由于工厂总平面布置得不合理而增加环境治理的难度。

（2）根据地区气象条件和山地小气候进行总平面布置

污染物的稀释扩散在大气稳定度一定的情况下，主要受风向影响。但由于地形、地貌等因素造成的局部地方风，如山区和高原边远地区出现的山谷风及江、河、湖、海附近地区的水陆风，这些局部地方风的存在也对大气污染扩散产生影响，影响总平面设计。因此，在进行总平面布置时，要综合考虑地区气象条件和局部小气候的影响来合理布置。

（3）从绿化角度进行厂区绿化系统及防护林带的总平面布置

由于工厂绿化具有防止污染、净化空气、过滤尘埃、消灭细菌、降低噪声、改善小气候、调节温湿度等重要功能，在总平面设计时，要认真研究工厂各组成部分的性质，研究工厂功能建筑的特点，选择适宜的树种和绿化方式，进行绿化系统和防护林带的布置，形成对改善工厂环境最有效的绿化系统形式和绿地面积。据报道：宝钢在Ⅰ期工程设计中，就注重绿化防治功能，有效地抑制了厂区的环境污染。按照国内外流行用绿化吸收二氧化碳、产生氧气、滞尘、增湿和调温等指标计算，从而获得了良好的生态效益。

（4）利用自然环境要素进行总平面布置

通过对建设场地地形、地貌等自然环境特征的研究，结合工厂工艺特点，在建、构筑物竖向布置过程中，充分利用地形、地貌等自然环境要素，因地制宜地进行工厂总平面布置，以减少对工厂建设场地的改造及其对生态环境的破坏，减少工程边坡等不良地质灾害，对保护生态环境具有积极意义。如冶金工业的选矿厂布置，根据其工艺要求自流的特点，将其布置在山坡地段，避免了大填大挖对场地的改造，减少了对生态系统的破坏。

（5）以生态功能进行工厂绿化美化布置

工厂的绿化、美化布置不但可以完善和补偿工厂生态系统的功能，促进生态系统的修复，而且赋予工厂环境以生气，丰富人们的视野，调节人们的情绪和激发人们的工作热情。在总平面布置时，工厂绿化、美化布置形成的"点""线""面"相结合的绿化系统，一方面可以使工厂整洁美观，给工人创造良好的生产生活环境，起到提高劳动生产率和保证产品质量的作用；另一方面，可以充分发挥绿化的生态功能，从经济上获得巨大的生态环境效益，有助于企业整体效益的提高。工厂绿化布置一要从工厂类型、生产性质、工厂各组成部分的功能要求、地理位置和周围环境、外界要求等实际出发，科学规划，体现不同工厂的特点，创造出不同风格的绿化布置；二要结合地形特点进行绿化布置，做到绿化与造园相结合，取自然之势，得自然之趣，充分发挥绿化布置的生态和美化的双重功效。

第五章 总图运输设计在工业企业的应用

第一节 总图运输设计在工业企业节约用地的应用

对于工业总图运输设计与节约用地来说，需要注意土地和土地资源问题。土地作为一个国家基本的资源，是非常重要的。我国虽然是一个土地大国，但也面临着资源分配不合理，土地无法完全利用的问题。

一、工业企业总图运输设计与生态环境

（一）生态环境概述

1. "生态环境"概念的由来和定义

"生态环境"这一术语是从外文翻译而来。在谢尼阔夫《植物生态学》一书的引言中有如下叙述："对于植物重要的环境因素，叫做植物生活的生态因子；它们综合在一起，构成植物的生态环境。"Whittaker等人认为"生态环境"是物种面临的对其产生影响的全部环境因子的集合。而Allaby则将"生态环境"定义为"生物地理群落的生境成分"。国外通常使用"ecotope"表示生态环境，国内使用"ecological environment"表示"生态环境"的频率很高。苏智先等认为"生态因子系指生物生活场所中，对生物之生长和发育具有直接和间接影响的外界环境要素。所有生态因子构成生物的生态环境"。李博等认为"生态因子是指环境中对生物生长、发育、生殖、行为和分布有直接或间接影响的环境要素。所有生态因子构成生物的生态环境"。

通过对大量资料查阅研究表明，"生态环境"这一术语可以从两个角度去定义。以生物为主体，"生态环境"是指"对生物生长、发育、生殖、行为和分布有影响的环境因子的综合"。以人类为主体，它是指影响人类生存和发展的各种自然资源（包括水资源、土地资源、生物资源及气候资源）数量与质量的总称，是关系到社会与经济可持续发展的复合生态系统。

2. 工业发展引起的生态环境问题

生态环境问题是指人类为其自身生存和发展，在利用和改造自然的过程中，对自然环境破坏和污染所产生的危害人类生存的各种负反馈效应。由于工业发展过快，相关环保法律、国家政策、管理制度的制定跟不上工业发展的速度，生态环境问题日益严重，从点向面辐射，污染速度加剧。问题主要有以下几个方面：

（1）"雾霾"天气的频繁出现

雾霾，是雾与霾的组合词。雾是由大量悬浮在近地面空气中的微小水滴或冰晶组成的气溶胶系统。霾是大量极细微的干尘粒等均匀地浮游在空中，使水平能见度小于10km的空气普遍浑浊现象。雾霾天气是一种大气污染状态，雾霾是大气中各种悬浮颗粒物含量超标的笼统表

述，尤其是PM2.5（空气动力学当量直径小于等于2.5微米的颗粒物）被认为是造成雾霾天气的"元凶"。

研究表明雾霾天气的出现很大一方面原因是工业污染。同时在工业生产中生产物流活动过程所产生的污染又是工业污染的重要组成部分。形成雾霾的各种悬浮颗粒物质（尤其是PM2.5）主要有以下几个来源：一是汽车尾气。使用柴油的机动车是排放PM10的"重犯"，调查数据显示，机动车的尾气是雾霾颗粒组成的最主要的成分；二是工业生产产生的废气、扬尘，比如冶炼企业在生产过程中很多环节都会产生大量的废气废渣，废气中有大量的颗粒物质，废渣若处置不当会产生二次污染，产生扬尘；三是北方冬季烧煤取暖产生的废气；四是建筑工地和道路交通产生的扬尘。

工业企业的存在会降低所在区域风速，改变风向等，从而导致气温的升高或持续冰冻，全球气候变暖已成为一个不可改变的事实。

（2）土地资源丧失，水土流失严重

我国虽然幅员辽阔，土地面积大，但是人均拥有的土地面积与世界水平相差甚远，可利用的土地资源很有限，耕地面积比重小，难以利用的土地比重较大，后备土地资源不足。在如此有限的可利用土地资源的背景下，我国的土地资源却在不断发生着大面积的土壤侵蚀、土地沙化和盐渍化。随着工业化和城市化的发展，特别是乡镇工业的发展，一方面工业建设会引起地面上升，潮湿土壤的排水和地下矿床的开采，引起地面沉降，加速土壤侵蚀；另一方面，大量的"三废"物质通过大气、水和固体废弃物的形式进入土壤，使土壤受到污染。土壤污染不仅对农作物及耕地生态环境造成危害，污染物最终通过食物链进入人体，危害人类的生命健康。医疗技术发达了，人们的经济情况好转了，可是却有越来越多的人得了各种疑难杂症，这一现实状况也间接反映我国土地污染严重。

随着我国经济的快速发展，水土流失的情况愈益严重。据统计，全国每年流失土壤达50亿吨，比较肥沃的表土及其所含氮、磷、钾等营养元素均随之流失。造成水土流失的原因有很多，比如乱砍滥伐、过度放牧，还有很大一部分原因是我国要追求经济的高速增长，大范围地进行土地开发建设，尤其是工业发展需要大面积的土地，在建设过程中缺乏水土保持措施的实施。改革开放以来，由于开发建设需要和受市场经济驱动，我国的耕地流失严重。

（3）水资源日益枯竭，水质不断恶化

我国是一个干旱缺水严重的国家，人均水资源量不足2300m³，是世界平均水平的四分之一，是全球人均水资源最贫乏的国家之一。可是在这样严峻的形势下，我国的水资源依然面临两个严重的问题：水资源的利用不合理和水资源的排放不合理。

由于长期以来受"水资源取之不尽、用之不竭"的传统价值观念影响，人们的节水意识低下，造成巨大的水资源浪费和水资源非持续开发利用。我国工业产品用水量一般比发达国家高出5~10倍，发达国家水的重复利用率一般都在70%以上，而我国只有20%~30%。

虽然人们节约用水，保护水资源的意识在不断增强，但我国仍存在大量的工业废水、生活污水、农业废水等未经处理就直接排入江河湖海的现象。工业废水直接排放对水质破坏程度不可想象，工业企业所在地区的水源被污染的新闻屡见不鲜，有些甚至已经危及地下水源。

（二）工业企业总图运输设计与生态环境的关系

工业企业总图运输设计与生态环境两者之间是相互依存、协同合作的关系。合理的总图运输设计能不断改善企业所在区域的生态环境，若在总图运输设计过程中忽视环境保护将会制约企业的发展。同时，良好的生态环境是总图运输设计的前提，如果生态环境遭到严重破坏，总图运输设计也会困难重重。

从环境的角度来分析，总图设计是一种环境设计，是工厂投产前的环境预防设计，在某种意义上说它比投产后的环境治理更有意义。总图设计要根据工厂的性质进行合理的厂址选择，在选择厂址时，必须认真考虑环境保护的要求，确保人民的健康及文化生活，减少和防止对环境的污染和破坏，充分利用地形，发挥用地效能，利用坡地、脊地、劣地建厂，节约用地，不占或少占农田。同时要在满足工艺要求的前提下进行总平面布置，要从环境保护的角度考虑工厂的卫生条件及防污、防震、防噪等环境污染的防治，把它降到最低。在做竖向设计时，要最大限度地保护生态环境，或通过人工手段完善生态环境，尽量减少水土流失，节约用地。管线设计也要在满足各专业要求的基础上做到美观，能综合的就综合，减少对土地的开挖。绿化与生态环境更是密不可分，好的绿化能带给人们视觉上的享受，也能减少企业污染的排放。合理的工业企业总图运输设计不仅可以为企业创造良好的经济效益，同时也会提高其社会效益和环境效益。

人类的正常活动离不开生态环境，工业企业总图运输设计也不例外，生态环境是总图设计的对象，设计的每一方面都是在改造环境。良好的生态环境为设计进行提供一个很好的平台，是企业实现可持续发展的基础条件。生态环境不断恶化，就会遏制企业的发展，当企业不存在了，那么总图运输设计也会随之消失。

（三）工业企业总图运输设计对生态环境的影响

工业企业的存在无法避免污染的发生，也必然会对生态环境产生不良影响，而国家的发展又离不开工业。工业企业总图运输设计是从设计的角度出发，在厂址选择、总平面设计、竖向设计等方面找寻方法，降低企业在建设过程及正常投产运营后对生态环境产生的影响程度，从而起到保护生态环境的作用。

1. 工业企业总平面运输设计对生态环境的影响

（1）总平面布局规划对生态环境的影响

工业企业正常生产会产生大量的废气废水废渣，在总平面设计过程中如何合理布局规划污水处理设施、产污较大的生产设备及产生噪声振动较大的生产设备，对保护企业周围的生态环境至关重要。

企业生产过程中排放的污染物量大，且有害物质种类多，排放到大气中的污染物会使空气的正常成分发生一系列的物理化学变化使其变得浑浊，例如雾霾现象频发，从而对人类健康和动植物的生长造成危害。为了减轻这一影响，在平面布置时，通常采用两种方法：

架高烟囱，使烟尘波及加天，减少单位空气中所含的烟尘量；

考虑风的因素布置工业企业。风向和风速对工业企业产污设备设施的布局影响很大，通常情况都是将企业布置在周围居住区的下风向，将企业的产污设备设施布置在整个厂区的下风向，这对减弱空气污染有显著作用,可使禁污区受空气污染的时间最短,污染程度最低。同样,风速对净化空气,减弱污染也有一定的作用。风速较大时,除了能把有害气体和微粒带走外,还可以与有害物质混合,使这些物质的浓度降低,起到稀释作用。在企业平面布局规划时也应考虑这一重要因素。

工业企业发展带来的水污染情况也不容小觑。随着工业的发展,工业废水排放量不断增大,相当大的一部分企业将未经处理的工业废水直接排放到地面水体,对水环境产生恶劣的影响。大型的工业企业都有污水处理设施,在平面设计时,要远离居住区布置,防止污水处理设施散发的气味影响居民的正常生活,要将其布置在水源的下游,即便是经过处理的污水排放到水体中都要有一定的时间去净化稀释,如若布置在水源的上游,会直接影响周围居民的饮用水的质量。

工业企业如钢铁厂、石油化工厂、机械厂、电厂等大规模的生产设备产生的振动、噪声,同样对环境产生很大的影响。在平面布置时应考虑预留充足的防护距离,且将产生振动、噪声较大的生产设备远离振动、噪声敏感区域(如居住区、医院、学校)布置。

(2)生产物料运输对生态环境的影响

生产物料运输系统布局、运输方式选取不合理会增加生产物料运输距离,从而导致物料运送过程中迂回和交叉干扰增多,生产物料运送距离长、迂回交叉干扰多,产生的噪声、向空气中排放的污染物也会增多,因此物料运输消耗的能源也会增加;运输网络布置形式不合理。要么占地面积大造成土地资源浪费,要么占地面积小导致物料运输不畅,易拥堵,对生态环境同样产生不良影响。

2.竖向设计对生态环境的影响

工业场地竖向设计的任务是充分利用和改造工业场地的自然地形,以满足生产和使用要求。竖向设计的合理与否,直接影响土地利用情况,科学合理地确定场地设计标高,充分利用现有地形、地貌,减少填挖土方量,对保护生态环境起着重要的作用。

竖向设计的关键就是场地平整,场地平整过程对生态环境有诸多影响。场地平整时期对施工所在地区的土地利用格局造成影响,降低施工区域自然系统的生产力,对施工区域生态完整性产生一定的负面影响;对植被的影响主要是施工期征用土地、临时用地、取弃土占地及机械、人员操作等破坏施工区域的植被,间接破坏和影响施工作业区周围环境的植被覆盖率和数量分布;施工过程进行的土地开挖平整使土壤生态系统内生物生存环境发生改变,特别是对分布在土壤表层范围内的微生物含量造成了严重的损毁,使土壤中有机质含量降低;同时土地平整带来的大填大挖可能造成局部水土流失,间接对水环境造成影响,过度开发也会破坏地下水环境;场地平整施工过程会产生大量的粉尘颗粒,会对施工区域的空气产生污染。

二、工业总图运输设计与节约用地分析

土地资源作为万物赖以生存的根本,为我国各行各业的发展提供了保障。近年来,随着工业的不断发展,经常出现工业用地与农业耕地不协调的情况。因此,作为总图设计人员,应该从专业的角度出发,采用合理的用地布局策略,最大限度地提高土地利用率,为我国工业和农业的发展做出贡献。

（一）充分运用地形

1. 充分利用坡地和贫瘠土地

在粮食类工业厂房与仓库的设计中，由于其对土质的要求不是很高。因此，应最大限度地开发利用坡地和贫瘠土地，将良田留给农作物，以达到节约集约用地的效果。

2. 注重因地制宜

总图设计应该采用合理的用地布局策略。总平面布置中，应将体量大的生产建筑布置在开阔宽敞地带，将体量小、布局灵活的生产附属设施布置在地块边缘不规则地带，充分提高土地利用率；竖向设计中，应尽量顺应地势，采用合理的竖向设计形式，避免场地大填大挖，坚持土方量最小化的原则；绿化布置中，应尽量避免在生产区和仓储区种植绿化，防止粮食抛撒滋生虫害。在办公生活区与围墙周围布置集中绿地，以达到改善全厂区环境与小气候的效果。

3. 恰当改造地形

对于不同坡度的场地，应当结合地形特点，合理加以利用。同时，应减少土石方的开挖，做好场地的护坡与挡土墙防护。对于自然坡度在3%以下的平坡地，场地应采用平坡式的竖向设计形式，建筑可自由布置；对于坡度在3%~10%的缓坡地，场地应采用平坡式的竖向设计形式，建筑采用筑台法或跌落法的布置形式；对于10%~50%的中坡地及陡坡地，场地应采用台阶式的竖向设计形式，建筑采用错层、错叠、掉层等处理方式。

（二）节约用地对策

1. 布置的设计

对节约用地策略来说，可以进行土地布置设计。如在一些已有的占地面积上进行节省，减小各个建筑之间的距离，或在一层的基础上进行多层的设计，都可以有效地节省土地资源。或进行一些其他的设计，保证可以节省工业总图设计的土地资源。对大部分建筑来说，都需要进行节约设计，在已有的土地基础上进行资源的集中，布置应当简洁明了，极大程度上发挥自己的特色。利用地形等外界条件也可以更好地提高工业总图运输设计的功能。

2. 间距设计

合理布置工业厂房及仓库之间的距离，可以有效节约用地，提高土地利用率。总平面设计中，相邻两座厂房在无需开设出入口的地方设置防火墙，可有效减少防火间距；数座占地面积较小的厂房可成组布置，当厂房建筑高度不大于7m时，组内厂房之间的距离可控制在4m左右。当厂房建筑高度大于7m时，组内厂房之间的防火间距可控制在6m左右。厂房成组布置的间距远远小于单独布置时的防火间距要求，节约用地效果显著。在运输线路方面，应尽量将有工艺联系的生产建筑临近布置，从而使工艺线路短捷，提高运输效率；在管道设计方面，可以采用管廊、支架等形式，将管线集中布置，节约土地资源。

3. 建筑方位

建筑方位的设计在工业总图运输设计中也占有重要地位，可以有效解决工业总图运输设计土地节约问题。可以根据街道方向来进行工业总图运输的设计，如果方向一致，就可以有效节约建筑土地资源的使用；还需要注意高压过道的方位，注意其夹角的角度，保证高压过道的正常使用；对于特殊地域，需要考虑到当地的特殊情况，以及其他风俗习惯对建筑方位的特殊要求。需要对比多种设计方案，选择出最优方案，更好地发挥工业总图设计的优势，提高其使用效度。

4.结构忌不规则

在工业总图运输设计中，还需注意其结构。在工业总图运输设计中加入不规则的方案设计反而会导致一些有效资源的浪费，也会造成一些土地资源的浪费。所以，在当代的工业总图运输设计中，需要吸收先进的技术，以帮助工业总图运输设计更好地节约土地资源，达到创新的要求。在建筑结构中，需要注意其使用和设计规则，保证其规则规范，倘若结构不规则，就会导致后续的一系列问题和不良影响等特殊情况。

5.厂房合并

厂房合并在一定程度上可以提高工业总图运输设计的运作效率。例如，在一些建筑中，可以有效地运用设计方案，让两个不同朝向的建筑进行合并，在一定程度上节省土地资源。也可以在基础的建筑上进行厂房的合并更新，提高工业总图运输设计的进度。厂房合并还需要考虑诸多因素，在厂房的使用效度，合理使用的情况下，如何更好地提高土地资源的利用率。

6.有效利用地形条件

在工业总图运输设计中，应合理利用地形条件。避开地基承载力较差的地方，在土质合适的地方进行工业厂房建设；充分开发不受关注的坡地和贫瘠土地，提高土地利用效率；对不同坡度的地形采用不同的场地和建筑处理方式，进行合理改造，有效利用。

三、企业总图运输设计中的节约用地

（一）在海滩与河滩处建厂

我国海岸线的长度较长，而且分布着诸多湖泊与内河，滩地湖海的规模是非常大的，所以，把工厂建在海滩与河滩处，可以充分利用这些地方的资源，节约不少建设用地。但在海滩和河滩处建厂时，问题也比较多。新时期要重点考虑的是环保问题、排污问题、水源问题。建厂时，要充分考虑本地环境条件与气候，采用有效的技术措施，避免伤害周边的生态环境。

（二）在坡地和山地处建厂

坡地与山地的地理环境复杂，地表植被多，坡度大，土体稳定度低，土石方量和边坡工程量大，受雨水冲刷严重。尽管在坡地与山地建厂能够利用不少荒地，可另一方面也会被诸多因素所干扰，导致不利于施工的障碍出现，比如，要进行大量的土石方工程，联系道路修筑困难等。但是，在坡地与山地建厂的有利因素也很多，可以利用坡地优势，结合工艺环节，从高向低处输送物料，能够大幅度降低运营费用，例如，煤矿的选煤厂，有效利用高差后，可大幅度缩短皮带栈桥距离；将污水处理站布置在较低处，有利于污废水静压回流，缩短运距，节约能耗和成本。同时，台阶式布置还能减少土石方的工程量，避免大挖大填带来的工程地质问题。企业设计总图运输时，设计人员需要事先调研本地的地形与地质，综合考量不同的干扰原因，发挥出自己最大的优势。另外，通过有效措施应对突发状况。

（三）结合现代化生产设备设计

部分工业企业的生产工艺环节应尽可能选择高效的设备，以降低厂区的用地面积。比如，一座剥离量较高的露天矿山，选用火车外运时，可能需要 $7hm^2$ 的面积，如选用汽运，则占地面积可缩减为 $5hm^2$，而采用带式输送机方式，只需要约 $3hm^2$ 的面积。

（四）协调建筑结构专业使用多层建筑

总图设计工作中，宜协调建筑和结构等专业，在建筑物单体设计中建议采用多层建筑，方便企业将部分轻型材料、设备等放置于楼层之中。同时，部分材料与占地面积大，重量重的设备还能够存放于企业仓库的底部。有些建筑建在半山处，为方便车辆可以进出于2个方向，建议把底部与楼层的大门设计成双开门。有些企业是生产型的，能够在矿厂楼层上安排实验室、车间办公室等，地下室可设置水泵房。

（五）企业总图运输设计中的厂址选择

厂址选择时，不光要考虑厂区位置和平面布置的合理性和施工建设的可行性，还要综合考虑投资运营成本、运输距离与利润、环境治理等复杂因素，是量化数据与外延经济的综合考量，需要进行多方案比较。

四、GIS在金属冶炼总图运输工程中的应用

金属冶炼业是促进我国经济发展的基础产业，也是工业生产发展过程中不可或缺的推动力。自21世纪以来，党和国家发布了"新型工业化"的发展政策，并要求各行业必须调整产业结构，进而促进我国有色金属行业获得更大的发展机遇。根据相关资料，从2010年至2018年，我国有色金属产量不断增长，其中在工业领域常用的有色金属开采量可达9195万吨，连续6年占据世界榜首。然而，由于我国幅员辽阔、地形复杂，开采技术不完善，有色金属的采矿、选矿和冶炼方面均存在一系列问题，其中总图运输方面的问题较为突出。

GIS系统以独特的空间坐标技术为基础，依托空间多维技术对相关地区的坐标信息进行处理、分析和管理，其最显著的优点便是强大的数据计算能力、逻辑分析能力。基于以上优点，我们将其用于金属冶炼行业总图运输工程中，以求此项技术可为金属冶炼工业提供强大的技术支持，进而使金属冶炼技术在工业经济时代发挥更大的作用。

（一）GIS系统在金属冶炼总图运输工程中的应用流程

GIS系统是一个集综合数据为一体的空间数据模型。在金属冶炼总图运输工程中，它主要依据电子地图建立出一个采、选、冶过程的监管系统，同时标示出金属矿山中各数据要素。具体工作流程如图5-1所示。

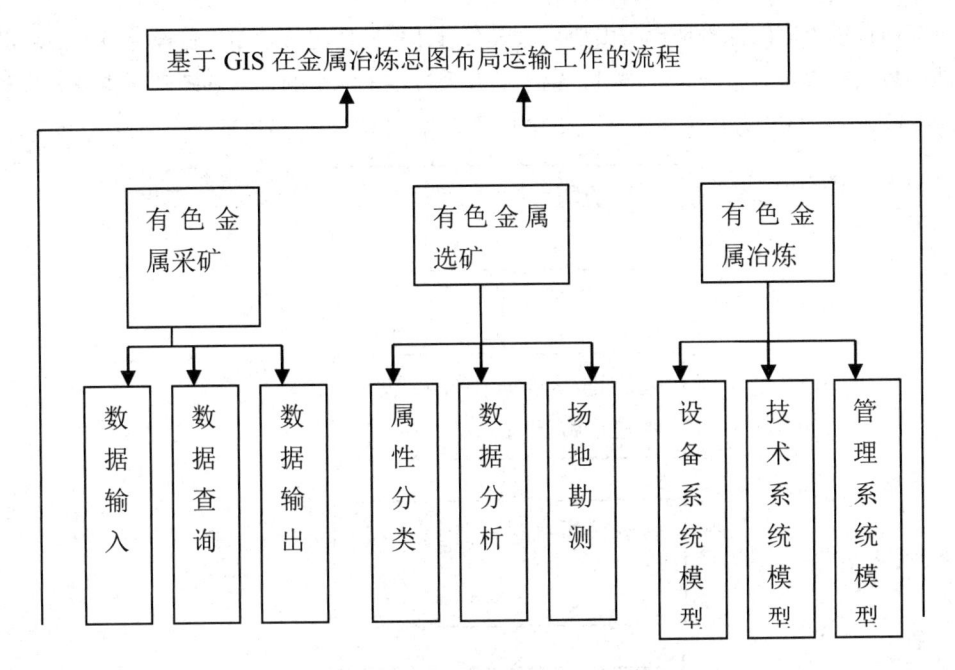

```
                    基于GIS在金属冶炼总图布局运输工作的流程
         ┌──────────────────────┬──────────────────────┐
    ┌────┴────┐            ┌────┴────┐            ┌────┴────┐
    │ 有色金属 │            │ 有色金属 │            │ 有色金属 │
    │  采矿   │            │  选矿   │            │  冶炼   │
    └─┬──┬──┬─┘            └─┬──┬──┬─┘            └─┬──┬──┬─┘
     数 数 数               属 数 场               设 技 管
     据 据 据               性 据 地               备 术 理
     输 查 输               分 分 勘               系 系 系
     入 询 出               类 析 测               统 统 统
                                                   模 模 模
                                                   型 型 型
```

图 5-1　金属冶炼总图布局运输工作流程图

由图 5-1 知，GIS 在金属冶炼总图运输工程中所建立的总图布局模型分为三个子系统，即有色金属采矿子系统、有色金属选矿子系统、有色金属冶炼子系统。在有色金属采矿子系统中，GIS 主要用于采矿数据的输入、查询和输出，以便采矿设计人员确定最合理的采矿区；在有色金属选矿子系统中，GIS 主要用于场地勘测、数据分析及有色金属的属性分类；在有色金属冶炼子系统中，主要用于设备系统模型、技术系统模型、管理系统模型的建立。

（二）GIS 在金属冶炼项目总图运输工程中的具体应用

以陕西省府谷县内一大型铝矿开采运为案例，对该铝矿冶炼总图运输工程中应用 GIS 系统进行研究和分析。该铝土矿工程由 5 大主要场地组成，详见表 5-1。通过表 5-1 可知本铝土矿项目各场地的基本情况，根据项目的具体内容来分析 GIS 系统在采矿、选矿、冶炼方面的应用。

表 5-1　铝土矿场地组成内容

组成	内容
露天开采场地	总面积为 167.75ha；地形大部分为山地，其中最高海拔为 1460.60m；场地地形高程介于 26m～370m
采矿工业场地	总面积为 5.88 ha；场地在堑沟口和废石站东侧，紧靠公路；内设油库、材料库、设备维修场地、其他生活设施；场地标高 1285m
废石运送及回收	总面积：0.8 ha；废石站位于入沟口；地面标高为 1430m，废石用汽车从采场运至废石站
排土场及低品位矿石堆场	总废石量 16.7 万 m³；低品位矿石 4.7 万 m³
供水和供电系统	距矿区东西方向约 7 km 处设 110 kV 变电站；直接在河流附近设供水站，占地面积为 2.9ha

1. 在采矿方面的应用

在采矿环节中，我们要充分考虑该铝土矿的开采环境，即露天开采场地环境。通过表 5-1

我们可以知道该铝土矿的开采地形为山地，那么在对开采场地进行总图运输设计时，必须将此区域的地形数据输入 GIS 系统中，同时，铝土矿开采过程中配套的公共基础设施建设等基本数据也要一并输入。图 5-2 为 GIS 系统在铝土矿开采运输工程中的应用流程。

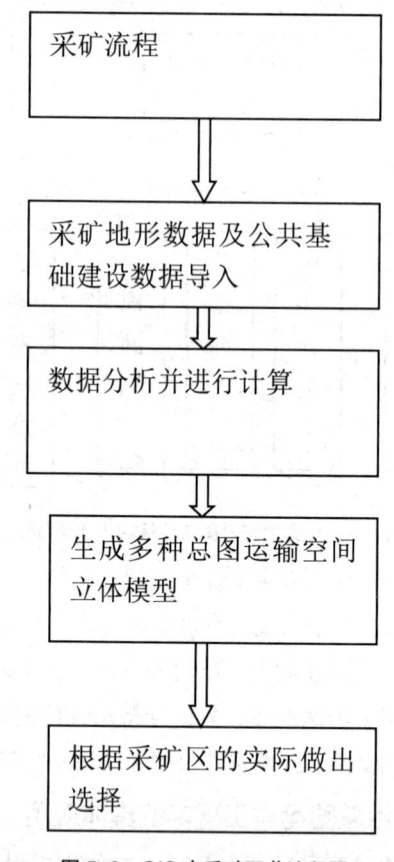

```
采矿流程
   ↓
采矿地形数据及公共基
础建设数据导入
   ↓
数据分析并进行计算
   ↓
生成多种总图运输空间
立体模型
   ↓
根据采矿区的实际做出
选择
```

图 5-2　GIS 在采矿环节流程图

在该铝土矿开采时，将地形数据及公共基础建设数据输入 GIS 系统中，充分考虑了采矿场地的地形、运输、配套设施等基础条件。根据表 5-1 可以知道该铝矿紧靠公路，交通运输条件较好，这样既有利于铝土矿石的开采运输，又有利于人员、材料的运输。

2. 在选矿方面的应用

图 5-3 为 GIS 系统在选矿环节中的应用流程。设计者首先将场地的真实数据输入 GIS 系统中，如场地大小、地形高差、废石站及排土场等相关数据。数据输入完毕后，GIS 系统会根据分析计算结果自动推荐理论上最为合理的场地。通过表 5-1 可以知道该铝土矿的选矿场地是紧靠废石站和堑沟口的，并且总面积达 5.88ha，有利于选矿工作的有利进行。

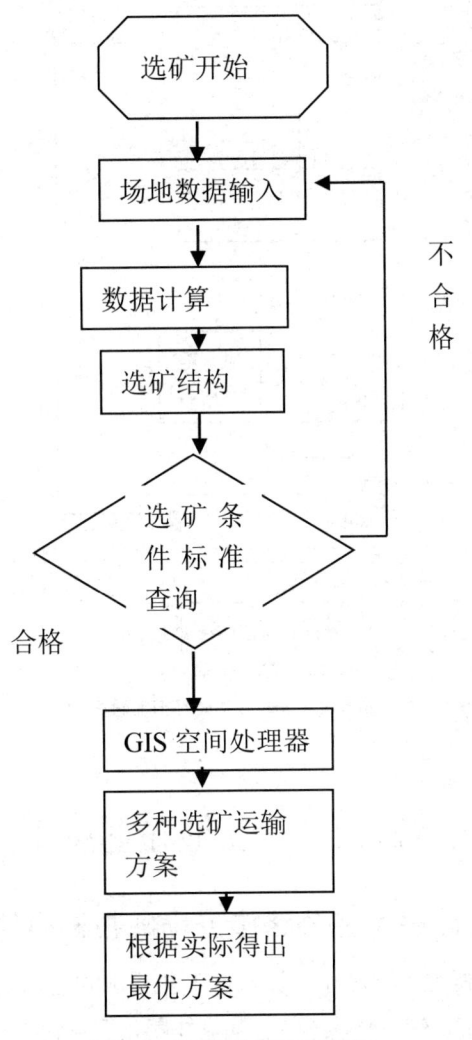

```
            选矿开始
               │
               ▼
          场地数据输入  ◄──────┐
               │              不
               ▼              合
           数据计算            格
               │              │
               ▼              │
           选矿结构            │
               │              │
               ▼              │
          选矿条件标准查询 ────┘
               │
              合格
               ▼
         GIS 空间处理器
               │
               ▼
         多种选矿运输方案
               │
               ▼
         根据实际得出最优方案
```

图 5-3　GIS 在选矿环节流程图

3. 在冶炼方面的应用

由图 5-4 可知，GIS 系统在冶炼方面进行总图运输设计时需要考虑两种系统设备的建设，分别是供水系统和供电系统。众所周知金属冶炼离不开水力和电力。所以在该铝土矿的冶炼过程中，GIS 充分考虑了这两种因素，将铝土矿需要的供电站建在距离矿区东西方向约 7km 的地方，同理供水站也是采取就近原则，这在最大程度上保证了铝土矿冶炼工作的正常运转。

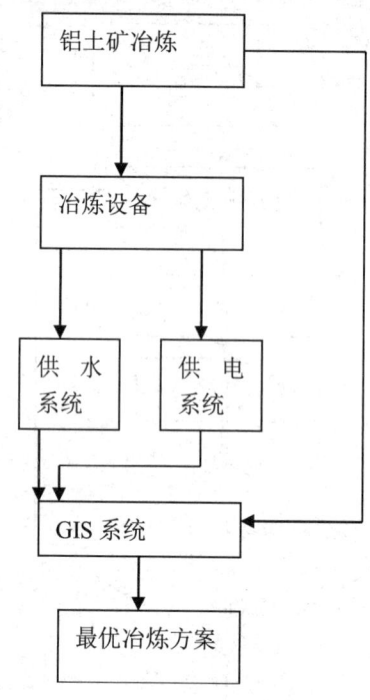

图 5-4　GIS 在冶炼环节流程图

第二节　总图运输设计在工业企业总平面布置的应用

一、总图运输设计理论在公路施工场地布置中的应用

总图运输设计主要是研究为保证生产，根据工艺要求和运输要求，充分利用工业场地的自然条件，布置拟建建筑物，构筑物，人流，物流线路，工业管线，景观绿化等设施的平面位置，使各设施整体运行效率最优，并与工厂外路网相协调，使企业的各项生产要素在空间上妥切组合，在时间上适当连接，在费用上节省经济，在环境上舒适安全，以使企业获得最高的经济，安全，环保效益。我国现阶段公路工程施工现场施工设施由于都是临时设施，使用时间不长，经济，安全，生态环保方面影响不大，施工企业不重视，在场地布置中更多的是凭经验布置，导致施工场地布置总是出现一些缺陷。

（一）公路施工场地布置中的主要环节

根据总图运输设计理论，在公路工程施工场地布置中主要有以下几个方面。

1.施工场地的选择

施工场地的选择应考虑靠近主要用户，水电供应和道路配套，场地建设成本低，对外部干扰少。

2.平面布置

施工场地的平面布置应满足生产工艺流程要求，物料流程要求与场外运输协调，充分利用场内有利地形地质水文条件，满足环保要求，防火要求。

3. 竖向布置

施工场地的竖向布置应满足生产工艺，运输，装卸作业对高程的要求，并为其创造良好的条件。同时场地的竖向布置应使场地建设相关费用最低，如土石方量少，不产生滑坡，塌方或地下水上升等现象。

4. 管线布置

施工场地的管线布置应使管线之间，管线与建构筑物和交通线路之间在平面和竖向布置上相互协调，既要考虑节约用地，节省投资，又要考虑施工，生产，检修的安全。管线布置应根据管线的性质和敷设方式等要求选择管线走向并集中布置。管线布置走向应尽量顺直，平行于主干道，避免斜穿场地。管线之间，管线与道路之间尽量较少交叉。

5. 绿化布置

施工场地的绿化应达到通过绿化改善生产环境，丰富建筑艺术的目的，绿化应起卫生防护林带控制污染的作用，绿化应妥善处理与管网和交通线路的关系。

（二）工程实例

现详细介绍运输设计理论在公路工程场地布置中的利用。

1. 场地的选择

本场地符合整个项目施工组织设计的总体布局。本项目为悬索桥，拌和场的主要用户是锚碇和索塔，本桥两岸均布置有锚碇和索塔，因此在本项目两岸锚碇和索塔附近布置拌和场。场地有专门水电线路接入，同时还通过桥下河流一取水点引入二路水源，场外与全桥施工便道相接，只需单独修建不到100m长的支路。拌和场地远离当地居民，夜间施工噪声和粉尘对外部环境影响小。场地地形平坦，无不良水文地质状况，场地建设成本低。

2. 平面布置

拌和场地要完成三个工艺流程。原材料进场与装卸，混凝土拌和运输，试件取样与实验。这三项流程在空间上也不会产生干扰，只是在管理上必须保证混凝土罐车在混凝土拌和结束后不能停放在交通要道上，以免影响其他车辆的通行。在平面布置上，将对地质要求最高的水泥灰仓布置在地质条件最好的场地中部，对地基要求较低的实验室布置在场地填方区域。在平面布置中唯一不足的，本场地内部未形成循环通道，降低了各种车辆的运行效率。

3. 竖向布置

本拌和场设计标高采用满足生产工艺，运输，装卸作业要求的标高，同时也减少挡墙等构筑物的产生。拌和场设计标高与自然地形相适应，全场土石方工程量相当小，且挖填平衡。在平整场地工程中，不产生滑坡，塌方等现象。为快速排出地面水，场地坡度按2%布置，将地面水排入边沟，并最终排入本项目所在区域自然水体。

4. 管线布置

本场地有四种管线，电力线路，给水管道，雨水管道，污水管道。电力线路在场外通过架空线路布置在最靠近拌和楼的围墙处，然后通过电缆接入拌和楼。水管也接入拌和楼。本场地雨污合流，通过管道接入场地污水处理池，并最终接入当地自然水体。整个场地管网布置简洁顺直，对场地和生产影响小。

5.绿化布置

本场地未进行绿化布置，若要进行绿化布置的话，建议在实验室区域适当布置，以美化生产环境。

二、总图运输设计在厂矿企业升级改造中的运用

自改革开放之后，国家经济发展出现了新的局面，社会经济迈向高速增长时期，很多老企业引入先进科技及设备展开全面与局部技术优化。随着工艺科技的高速发展，设计工艺技术的逐渐提升，以及人民对生产生活要求的不断提升，妥善处理改扩建项目是总图运输设计师的重要工作。

（一）厂矿单位改造过程总图设计应当遵循的几项原则

科学使用现有设备，减少改造资金。

厂矿单位升级改建并非大换血，基于经济角度，要合理采用现有建造结构、项目管线、铁路公路等运输工具，以节约投资，做好新旧管线连接、运输途径的连接，当要求异地迁移时，要对搬迁投入及改造投资进行方案对比，技术经济对比之后再进行取舍。总图设计师要全面、宏观地研究问题，掌握全局，尽量保证总图设计最佳化，这样方可掌握升级改造过程要掌握的核心。

掌握现状，科学设计。

全面掌握企业现状，涉及企业现存生产状况、工艺程序、地表设备状况、现场应用状况、外界运输环境等，这是单位升级改造过程总图运输规划的基本信息，是科学设计总图的基础条件。

遵守整体设计，掌握全局，节省用地。

掌握企业的整体设计，本地区域和城乡整体规划，该厂周围地形、地势、能利用的土地条件，本着节省用地的原则，要选取不占或少占耕地，科学选取在原有现场展开改扩建工作，而且与规划相一致，不得简单追求短期利益而阻碍企业的长远发展。

科学设置建筑物的防火距离。

在改扩建项目中，除了包含户外空间需要的操作现场外，建造结构的距离设置是否科学，对该厂的正常运营、安全系数影响较大，这些距离设置得过小，不满足国家防火标准，定得过大，又耗费大量场地，令本身现场紧张的工厂总图分布更为困难，此时总图设计师就要采用科学的措施来处理这个问题，如防火距离不符合标准要求时，建造结构相邻的一侧，要采取防火墙、防爆墙，同时相邻一侧外墙不设置门窗。

厂矿改扩建项目的实施要尽量降低对企业生产运营的影响。

总图运输规划不仅要考量企业的最后整体布局，针对改扩建项目的实行时间、工序也要有科学安排，以降低对企业现存生产的干扰，减少由于影响生产而引起的经济亏损，防止严重影响到安全运营。

（二）案例介绍

某厂矿处在柴达木盆地北侧中段，厂区海拔总高度为3000m～3500m，是中国高海拔区域

的大型厂矿，还是"六五"阶段的核心建设项目。厂矿从1986年投产之后，产品数量逐年提升，产品性能合格，各项重要技术指标不断提高。但企业现行工艺滞后，智能化水平不高、员工工作、生活环境偏差。为将企业建设为国内水平较高的现代化重大厂矿企业，业主开始对选厂展开改造升级。先了解工厂现场，和业主进行深入交流，切实掌握业主的重要意愿，对这次改造设计明确了如下设计方案：

工艺流程升级：为迎合选矿工艺设施大型化、智能化、现代化的发展方向，选矿专业经分析论证，明确工艺流程是：破碎、半自磨、球磨、浮选及脱水流程。兼顾破碎系统采取现有技术就会极大影响生产环节，所以这次设计明确脱水应用现有，新创设破碎、磨浮结构。

厂址计划：遵守节省用地的原则，厂址考量采取厂区中现有土地，主要开展西边闲余房间拆迁计划与东侧空地厂址计划对比。西边厂址计划尽管拆迁量大，可是对现有原矿运送系统干扰很小，引起的经济亏损小，且新建厂房处在厂区进口处，改造后，厂矿单位对外形象很好，所以确定西边厂址计划为此次设计最终方案。

总平面分布：总平面分布应当考量地区内的生态自然环境，企业厂区状况、国家各项规定、工艺程序等多种因素，可以妥善处置国家标准、行业规定、地区划分之间的联系。厂矿单位原料重点是天然气，石油，化学药剂等生产储备产品，储存过程一般是在高温抑或是高压状态下，事故出现的可能性较大，而且其原料本身存在一定的危害性，行业标准制定是针对不同角度进行的。标准内容着重点不同，其使用也会存在一定的局限性，并且某些标准是互相补充的。

科学处置工艺流程和总平面之间的关联：物流方向在很大程度上能够认为是通过工艺流程进行确定的，物流强度将受到工艺质量的影响。总平面分布是对厂矿新建项目实现定位，而且在该过程中要求科学处置工艺流程和平面分布之间的联系。针对厂矿单位来说，一些原料应当持续性和不间断地提供，所以仓储设备应当和生产设备尽量接近，公用设备在布置上能够考虑分区统一，和负荷中心维持较小的间距，而且需要考虑到不同管线分布的需求。

处置交通物流和总平面间的联系：总平面能够定位不同单体，物流主要是具体的物流途径，既包含了商品运送，还包含相关数据流通。基于物流可以令厂区中不同单体相结合，进而形成一个总体。做好厂矿物流研究工作，针对整体平面设计有较大的优化功能。物流科学可以节省投资和用地面积，厂矿单位总图规划，物流方面应当保证货流和人流两者互不影响，而且可以科学分配原料及产品，令系统布局最佳，进而节省项目投资。

竖向分布：竖向设计计划应当根据工艺生产、抗洪及运输、土石方项目等需求，对地质环境和地形环境进行整体比较。建筑范围内的各种条件无法完全满足工作需求，所以需要根据工作的具体情况优化运行环境，进而令各项工作顺利开展。竖向分布常用的形式包含阶梯式、混合式、平坡式，若天然坡度<2%，而且厂区宽度偏小，就能够考量采取平坡式分布，若这时坡度>2%，就能够考虑采取阶梯式，若区域内地势走向不单一，能够考量采取混合式分布。

交通运输规划：厂矿单位运输规划，应当考量到货物的流向、特性、整体运输性能，地区内交通路网状况，而且还要兼顾投资费用等，技术方面是否可行，经营费用率，安全性稳定性、效率等。兼顾到厂矿单位发展规模，若选取水路运送模式，则成本偏低，而且运动量大。若企业和水路交通间隔不远，就能够考虑采取该种方法。

从某厂矿升级改造项目实例得知，老厂矿改造和新建场不一样，其本质差别是新建厂根本上是从无到有，能够不受过多约束分布出一个完美结构，而老厂改造制约因素很多，总图设计过程，要掌握全局，从整体布局着手，转变企业现存不科学的地方，基于各个细微的设计过程，在考量经济、科学的前提下，对现有厂区中的建构结构展开拆除、改扩建等项目应用，进而达到企业转型升级的各种目标。厂矿单位升级改造过程面临的实际问题有许多，还尚待深入探究，总图运输规划应在持续处理问题的阶段，提升本专业设计能力，总结实践经验，优化创业理论。

三、海绵城市在总图运输设计中的理念

随着社会经济的不断发展及人们环境保护意识的不断增强，社会对于环境污染、质量保护、生态平衡等问题的关注也在不断提升。城市建设更加追求绿色化和可持续发展等目标，并将生态文明建设理论放在当今城市建设的首要位置。在此背景下，国家政府部门不断加大"海绵城市"的支持力度，力图构建出能够实现自然渗透和净化、人与自然和谐共存的"海绵城市"。因此，将海绵城市与总图运输设计相结合，实现海绵城市理念与城市建设发展的全面融合，将有着极为重要的现实意义。

（一）海绵城市与总图运输设计

1. 海绵城市

海绵城市作为一种新型城市雨水、洪水管理理念，其不仅是指城市需要对雨水、洪水等自然因素问题具有良好的应对能力，还要求城市具有较强的吸水、蓄水、渗水及净水能力，可以实现下雨过后，对雨水进行充分净化、蓄存，待需要使用时再对雨水加以利用，实现对雨水的弹性应对与循环利用。想要达成这一效果，就需要在城市建设过程中，时刻将生态文明建设放在首要位置，并结合科学技术对城市蓄水系统进行改造，在蓄水过程中实现自然蓄水和人工蓄水的结合，并保障城市在面临洪涝自然灾害时可进行有效抵御，并在此状况下实现在城市中对雨水资源进行最大限度的收集、蓄存、净化及利用，避免出现水资源浪费的同时，还能够将雨水所引发的灾害转化为对城市发展有利的资源要素。

另外，海绵城市应该做好水资源的统筹利用，确保水资源的循环利用，并最大限度促进生态可持续发展。

2. 总图运输设计

总图运输设计作为一种新型规划管理理念，其在过去多用于厂区建设，仓库规划等方面。在实际利用过程中，总图运输设计将可以根据建设区域的地理、自然、环境等因素条件，然后根据相关建设工艺的实际要求、物料流程及工程建设标准等内容，合理选定项目建设位置及各建筑综合管线之间的平面、立体、空间关系及生产活动之间的有机关系，是一种可以综合处理物流、人流、能源流、信息流，并对项目施工全过程实现全方位立体化管理的综合性管理学科内容。总图运输设计还可以与海绵城市理念相结合，进而通过总图运输设计的综合管理设计效果，最大限度地保障海绵城市理念在新型城市化建设中的落实效果，促使城市各方面建设不断完善。

（二）海绵城市在总图运输设计中的应用

1. 在总图布局设计中的应用

在总图布局设计应用过程中，设计人员不仅要充分考虑海绵城市建设的相关内容，还要对

城市工业等方面内容的实际情况及未来发展进行有效规划，并将其与总图布局设计相结合，确保所设计出的总图布局设计不仅能够满足海绵城市建设的实际要求，还不会对城市未来的工业、交通、经济等方面的发展造成过多影响。

另外，在进行总图布局设计过程中，设计人员还需要对城市地形地势、土地类型、湖泊河道等自然因素进行充分把握，然后在进行总图布局设计过程中对该些内容进行充分考虑，保障所设计出的总图布局设计既可以增强城市的洪涝灾害抵御能力，还能够提升城市对雨水资源的吸水、蓄水、渗水及净水利用能力，满足海绵城市理念的具体城市建设要求。当然，在必要的时候，为能够最大限度满足海绵城市理念的实际要求，还可以对城市中的河道、湖泊、排洪渠等水利设施进行重新统筹规划设计，以现有的水利设施来增强城市洪涝灾害抵御能力和水资源循环利用能力的同时，还要避免水利设施的重新规划对城市建设及发展造成的不利影响。通常来说，在进行城市总图布局设计的时候，要时刻把握对城市水文的保护性开发，降低城市重新规划建设对城市水平所造成的影响，确保城市统筹开发建设效果等原则性内容。在实际建设中，也应该在水文监测点设置关键监测点，并对水文情况进行持续性监测，这样能够起到一定的预警作用，同时也应该派遣相关人员对水文情况进行持续性分析。如此就要求在进行城市总图布局设计的过程中，对城市中分散的雨水利用设施进行利用，进而实现对污染等问题的有效控制，提高对城市分散雨水利用设施的开发利用效果，降低城市建设对河流的影响，避免出现因城市建设所引发的水土流失等生态环境问题。另外，海绵城市理念还可以同城市水利规划、绿地规划、防洪防涝规划及城市总体规划等规划设计内容相结合，并在该规划设计内容中有效落实海绵城市的理念。

2. 在场地排水设计中的应用

总图运输设计中对于排水设计的相关方式和内容主要分为以下三种：

在设计区域周边采用自然排水措施。该种排水方式多运用于区域土层排水、渗水能力较强，且建设排水沟、排水管等人工排水措施难度较大的区域内。由于该种设计中排水工作主要是通过自然界排水实现，所以对于区域土层的渗水、排水能力要求相对较高，其虽然最符合海绵城市的相关理念，但在实际总图运输设计中的应用反而相对较少。

在建筑内部场地中设置带孔洞盖板的明沟排水方式，由于建筑内部场地的地势相对较高，排水较为方便，再加上很多厂区的建筑内还有车辆进出、货物装卸等情况，导致区域内部灰尘较多，若是采用暗管排水法将可能会在实际使用过程中极易出现管道阻塞等问题，所以通常在设计中采用明沟排水法进行实际的排水工作。

对于地势较为平整的区域，多是采用暗管排水法进行场地排水工作，之所以会采用此种方法，一方面是因为在该些区域中，采用明沟排水法看起来不太美观，另一方面在实际应用过程中，明沟排水法的实际排水效果也不如暗管排水法。海绵城市在总图运输设计应用过程中，需要基于海绵城市理念，结合场地的实际情况，对总图运输设计的场地排水设计方案进行适当修改，从而充分满足海绵城市在城市雨季的蓄水要求，最大限度地避免可能出现的洪涝灾害。例如，在进行海绵城市场地排水设计过程中，不仅要确保场地的排水效果，还要满足洪涝灾害情况下的排水要求，除此之外还要对场地排出的雨水进行充分利用。达成此目标需要在总图运输设计过程中对城市雨水排水管道、沟渠及汛期雨水径流排放等诸多方面内容进行明确考虑，科学合理地完成总图运输设计，并在设计完成后对设计方案进行合理性评测，以多次更改的方式防止可能出现的问题，确保在汛期时城市排水设施能够正常运作，保证城市不会出现洪涝灾害问题。具体来说就是在总图运输设计过程中，需要在区域水利部门的帮助下，合理地确定城市可利用雨水资源的利用总量，然后在预留出未来发展富余量的情况下，划定城市利用、蓄存雨水资源标准线，然后以此标准线作为海绵城市在总图运输设计中应用的控制标准线，进而合理规划城市排水、循环用水统筹规划方案。

3. 在道路设计中的应用

在总图运输设计中，道路设计主要分为场地外和场地内两类设计内容。其中对于场地外的道路设计，其主要是针对那些与场地有着直接连接的道路，在对该些道路进行设计规划时，总图运输设计提出道路建设过程中不得出现破坏土地资源，减少耕地资源占用等要求；对于场地内部的道路建设，其需要做好道路的排水措施，确保道路上及其周边的雨水能够得到最快速排水。基于此要求，场地内部的道路多采用中间高，两侧低的设计方案，以便于在降雨过后，雨水的最快速排出工作。

海绵城市理念在总图运输设计应用过程中，需要结合总图运输设计对道路设计所提出的实际要求，即在实际应用过程中，海绵城市建设需要使用对周边区域影响相对较低的雨水系统设计方案，并且还要摆脱传统道路设计中雨水排出设计的固有思想，将传统道路雨水排出设计转变为可实现雨水快速渗透、存储、集中利用的新型海绵城市道路排水设计，从而提高道路排水效果，避免出现道路洪涝灾害的同时，满足海绵城市理念中道路建设的相关要求。例如，某地区在道路设计过程中采用了透水型路面，该路面主要是由透水型水泥、透水型沥青及其他透水性材料共同组成，完成透水型路面建设，道路将可以通过自身优秀的渗水性能来达成雨水吸附、渗排效果，吸附的雨水不仅可以有效抑制过往车辆在行进中轮胎磨损所引发的空气污染问题，雨水在蒸发后还可以达到区域降温的效果，抑制城市热岛效应，进一步提高城市生态环境保护效果。

另外，该地区还在道路周边建设有城市绿化带，并在绿化带中设置有凹型雨水收集器，既可以实现对路面多余雨水的收集，还可以在后续正常天气下将雨水用于绿化带灌溉，最大限度地满足海绵城市理念中道路设计相关的可持续发展要求，值得在其他区域城市建设、改造工程中进行推广应用。

四、数字化总图管理系统的建立与应用

企业总图管理是指对企业总平面图的管理工作。它包括对厂区各种比例地形图和综合平面图的管理、厂区测量标志及导线点的管理，还包括厂区新建建筑物和构筑物的定位及测绘和违章建筑的查处、规划设计等内容。一般情况下企业的总图管理部门相当于城市中的规划部门，一旦在总图管理上出现问题，就会给企业造成较大的损失。

当前地理信息系统发展的趋势是由静态到动态、由简单数据到多元数据、由平面图到立体图、由单机操作到网络在线运行。建立总图管理系统，将厂区区域及周边区域内地上、地下、空中各类地理信息以数字的形式准确无误地输入计算机管理系统中，使以 CAD 制图为主的总图管理向 GIS 方向发展，为企业的发展提供重要的基础资料。通过总图管理系统的建设，运用

现代科学技术手段对钢铁企业基础地理信息进行实时、动态的数字化管理，为"数字钢厂"提供最基础的地理信息，并为企业现代化设计、施工、生产和运营管理提供最准确、最全面的信息平台。

（一）总图管理的现状及系统建立的必要性

1. 总图管理的现状

（1）控制测量

近几年来钢厂的技改扩建，道路修整、房屋拆迁或原有的等级控制点缺少维护等原因，造成厂区内仅有的控制点由于建构筑物的遮挡、绿化等而互不通视或位移，远远不能满足项目改扩建的施工放线、定位、工程竣工等测量工作的需要。

控制测量是一切测量工作的基础，控制测量的目的就是为地形图测绘和各种工程测量提供控制起算基准。在钢厂内先建立测量控制网来控制全局，然后根据控制网测定控制点周围的地形或进行建筑施工放样，这样可以保证整个钢厂有一个统一的、均匀的测量精度，从而保证建、构筑物、设备的精准定位。

（2）数字地形图测量

随着钢厂的技术改造升级，地面物质形态变化迅速，建筑物道路等要素的变化尤为显著，现有的地形图无法给工程设计、管理等各项工作提供有力的测绘保障，随着时间的推移和钢厂的不断发展，数字地形图的时效性滞后与发展变化的矛盾也日益突出。

当现有地形图的内容、比例尺、现实性等不能满足工程需要时，就需要进行工程地形图测绘。利用地形图可以很容易地获取工程需要的各种地形信息，例如，量测点的坐标、高程，量测点与点之间的距离、方位角、坡度，按一定方向绘制断面图、剖面图，图上设计坡度线，确定汇水面积，根据等高线平整场地，计算挖、填土石方量等。与传统地形图相比，数字地形图具有如下优势：便于存储、更新、传播和计算机自动处理，特别适合于定量分析。

（3）地下综合管线探测

地下综合管线是钢厂正常生产、生活运转的生命线，地下综合管线总图信息的及时、准确和完整对钢厂的规划设计、建设和管理及安全起着非常重要的作用。当地下综合管线相关信息资料没有及时存储、更新时，必须通过管线探测的方法进行完善，查明已有地下综合管线的平面位置，埋深（或高程）、走向及规格、性质材料、权属等属性。地下综合管线是进行规划设计的基础，规划设计部门在进行规划设计过程中，必须准确掌握地下管线的铺设情况、连接方向及埋设方式，才可以正确合理地进行规划和设计，减少决策失误，地下综合管线信息也是进行建设施工的信息保证，避免出现破坏管线事故的发生。地下综合管线也可以为厂区地下管线设施维护工作快速、准确地提供设施信息，例如某钢厂由于线路地下综合管线不清，当出现事故时，短时间内很难找到故障部位，使得事故处理时间被延长，有时甚至会造成停产，不仅威胁人身及设备安全，还导致经济效益受损。因此，地下综合管线信息是规划、设计、建设、管理、应急和地下管线运行维护管理的基础。

2. 建立总图二维或三维系统

随着数据量的不断增加，纸质图纸总图管理资料的方式已很难满足使用要求，给总图管理和项目设计带来不便,大量的总图数据难以管理和有效利用,并且给钢铁企业的信息化建设带来技术和管理瓶颈。随着计算机技术的应用虽然纸质图纸的总图管理模式已随着计算机技术的发展逐渐转化为电子化管理,利用辅助绘图软件及其他专业软件(如CAD)可以实现对厂区总图进行更高层次管理,但CAD处理的多为规则几何图形及其组合,属性库功能相对较弱,其坐标采用的一般是几何坐标系,基本不具备复杂的空间分析和计算能力。而二维总图管理系统处理的是自然目标,属性库内容功能强大,图形属性的相互作用十分频繁,具有专业化特征,采用大地坐标系,具有强大的空间分析功能。数据量大,所用的数据分析方法满足专业化的需求。

因此,合理运用现代科学技术手段,建立二维或三维总图管理系统,科学、合理地管理和利用测绘成果,及时、准确、安全、方便地为测绘成果使用者提供服务,做到资源和数据共享,使总图管理更加高效、快捷。

(二)总图管理系统建设的主要内容

由系统数据库、总图信息管理系统桌面子系统(CS)和B/S(总图信息管理共享服务系统)组成。系统软件平台采用CIS和B/S的混合软件结构,CS部分以AreGISEnging为基础平台,B/S部分以AreGISServer为基础平台。

1. 系统数据库

系统数据库主要包括:基础地理空间数据库、系统业务数据库。

(1)基础地理空间数据库

基础地理空间数据库包括地形数据、地物属性数据、元数据、索引数据(路网,地名等)等,作为系统使用的基础底图和参考数据,对于索引数据还能够进行索引快速定位使用。

(2)系统业务数据库

系统业务数据库包括:用户信息、角色信息、权限信息、与系统相关的其他业务数据信息。

2. 总图信息管理系统桌面子系统(CS)

C/S部分包主要含12个功能模块:数据转换模块、数据编辑模块、三维建模模块、二三维地图浏览模块、信息查询模块、数据统计模块、工程应用模块、管线分析与管理模块、地理数据库版本管理模块、专题图管理与制作模块、设备台账模块、权限管理模块。

(1)地图浏览

地图浏览功能主要包括:放大缩小、全图平移、前视、后视等基本的地图操作功能。用户可以使用这些功能查看地图的整体信息和局部信息,同时还可以了解在建项目的信息。

(2)地图编辑

提供矢量数据,即点、线、面的编辑功能。包括:创建点、线、面,修改点、线、面,删除点、线、面等编辑功能。

(3)信息查询

信息查询模块为用户提供多种信息查询的方式:

名称查询:用户输入名称,即可查询并定位到该地点,支持模糊查询。

条件查询：用户选择界面上设置的属性查询条件查询即可。

缓冲查询：用户设置缓冲半径，然后画点、线、面，就可以查询出在缓冲范围内的对象。

身份识别：用户使用该功能，可以直接点击需要查询的对象，即可查询出该对象的属性信息。

（4）信息统计与分析

用户可以按照区域、时间类别、进度等多种方式统计施工项目中的数据，这样就可以很清楚地了解到整个项目的最新情况。

（5）地图量算

该功能可以计算出地图上两点之间的距离，也可以计算出地图上任意多边形的面积及多边形的周长。距离和面积单位可以是米、千米等多种长度单位和面积单位。用户可以很方便地查询距离和面积。

（6）数据管理

数据管理模块主要包括数据转换、数据入库两个功能。数据转换提供将 AUTOCAD 数据转换为 MAPGIS 的数据。同时也可将 MAPGIS 数据转换为 AUTOCAD 数据格式。数据入库功能可以使用户将 MAPGIS 的数据导入空间库。

（7）专题图制作与输出

该子系统可以让用户根据多种方式来制作施工项目中的专题图，同时也为用户提供浏览输出和打印专题图的功能。

（8）权限管理

由于数据的安全性，所以需要加入权限管理功能，该功能为系统管理员提供。权限管理模块主要包括两个部分：用户管理和权限管理。用户管理功能为管理员提供：使用用户的添加，删除、修改，部门的添加、修改、删除及角色的添加、修改和删除功能。权限管理功能为管理员提供：为用户部门、角色配置相应的功能。例如：不可见、只读、读写、完全控制等权限。

3.总图信息管理共享服务系统（B/S）

B/S 部分主要包含 14 个功能模块：地图浏览模块、鹰眼地图模块、图层控制模块、专题地图调阅模块、信息查询模块、位置搜索模块、区域图定位模块、缓冲分析模块、经济技术指标统计模块、综合管线统计模块、地图申请与下载模块、信息管理与发布模块、文件资料管理模块、权限管理模块。各子公司总图数据和北京总部总图通过 VPN 网络实现同步异地更新。

（1）地图浏览

提供地图浏览功能，包括：放大、缩小、平移、前视、后视、全图等功能；还提供了鹰眼图和书签等快速导航功能。

（2）查询与量测

提供名称查询、条件查询，缓冲查询和身份识别等多种查询功能；可以量测地物要素的周长和面积，同时在鼠标移动的时候，在浏览器的状态栏上会动态显示鼠标所在的位置坐标。

（3）编辑

可对施工项目图的几何要素进行编辑和属性编辑。要素层更新后，其他用户会看到更新后的内容。

（4）地下管线纵横断面分析

管线纵断面分析：根据高程点和内插计算生成地表模拟线，根据管线的高程生成管线走向图。

管线横断面分析：根据高程点和内插计算生成地表模拟线，根据管线的管径和高程生成管线的信息图。

（5）地图数据裁切与下载

用户需要总图数据时，可通过系统申请要下载的区域，管理器批准后就可以将数据裁切生成DXF文件导出，用户下载即可。

（6）文件管理

提供文件的上传、查询和下载。

（7）动态数据远程更新

用户可以通过上传动态图层数据来远程更新数据。

（8）单点登录

系统与建立集团的ERP登录系统集成，通过ERP系统登录后，即可使用系统。

（三）总图管理系统的建立

系统软件开发完毕后，按照数据采集、原厂区地下管线探测、数据库建立的顺序，某集团对下属子公司分级建立总图管理系统。

1. 数据采集

（1）控制测量

首级平面控制网布设为四等或四等以上GNSS网，首级高程控制网布设为二等水准网。平面坐标系统和高程系统与原厂区所使用的系统保持一致，同时收集或测量出厂区现使用的系统与市级以上使用的系统的转换关系。

（2）地形图数据和信息采集

按照1:500数字地形图测量技术要求，采集图形数据和属性数据。

2. 地下综合管线探测

管线探测内容包括，管线的起终、转、交点定位、定深、管线类型、截面尺寸、材质、管线网络、流向、管线附属设备（井、闸、阀等）。根据需要调查架空管线类型、管径网络。

3. 总图数据库的建立

对现有最新的总图数据进行转换、编码、分层整理、属性补充、空间构面，建立点、线、面拓扑关系，进行数据正确性检查，无误后按规则入库，建立二维总图数据库。

（四）总图管理系统的应用

2015年某集团按照2000大地坐标系对原厂区统一测绘后建立了测量控制网，并对厂区内原有地下管线进行了综合探测，数据采集后导入集团"总图管理信息系统"。系统建设完成后对厂区内的过程改扩建和生产运营管理起到了很好的作用。该系统的建立为公司提供了一种既可实现集团集中管控，又可实现子公司自由单独作业的总图数据管理总图信息发布、总图业务服务共享的新方法、新途径。具体来讲系统的建立实现了以下几个方面：

建立统一的总图数据标准；

建立完善的总图信息共享数据库；

促进总图信息及时更新，提高其时效性；

便于通过总图系统对施工项目的组织管理和协调；

系统中的管线统计分析、地形图量算缓冲分析等工程应用功能在厂区扩建中及时准确地提供了设计施工所需信息和数据。

管线爆管分析等功能为在生产检修中查找爆管渗漏点等快捷准确地提供了数据分析结果，极大地降低了事故损失。总图管理在工业企业改扩建设计与投入运营的各个阶段中都具有重要的作用。随着科学技术的进步，基于GIS技术中所具有的图形属性信息功能开发的总图管理系统，不但可以提供给总图设计与管理所需要的定量化分析依据，并且GIS系统所拥有的图形数据分析评价能力也可用于总图有关问题的评价和分析。建立"数字化总图管理系统"，将地理信息与生产运营管理相结合从而建设"数字化钢厂"，它在企业建设和运营中的作用会愈来愈重要。

五、总图运输设计在煤矿企业总平面布置中的应用案例

（一）总平面布置概述

1. 总平面布置主要内容

根据生产工艺和使用要求，密切结合工业场地自然条件和厂内外的交通运输、动力供应、水源、防洪排涝、居住区和城镇规划等条件，合理处理厂区和厂外的关系，因地制宜布置建构筑物及各种设施，需要时并预留发展余地，力求总平面布置紧凑合理。对于按专业化和协作组织形式设计的工业企业，如条件允许，可将若干车间或工厂集中布置，统筹安排主要生产、辅助生产和公用设施，充分发挥集中与联合的作用。

合理选择厂内与厂外运输方式，充分利用地形，因地制宜布置厂内交通运输系统，合理地组织人流与货流。

经济合理地选择竖向布置形式和平整方式，合理确定建构筑物、铁路、道路、堆场等标高。在满足生产的前提下，做到土石方和基础工程量最省，并尽可能达到填、挖方平衡，减少场地开拓费用。

合理地综合布置地上与地下各种工程管线，节约投资，节约动力，管理维修方便。

选择良好的排水方式，组织设计好厂区排水方式，确定适宜的排水坡度与断面，使水流畅通。

在不良工程地质或洪涝地区采取可靠的安全措施，保证厂区安全可靠。

协调工艺系统、铁路运输、管线综合与总平面的关系。

2. 总平面布置主要原则与要求

适宜地区全面规划，合理安排，统筹兼顾、综合考虑，尽量集中统一设置，减少重复建设。

在有利于生产的前提下，将不同功能的建构筑物因地制宜地分区布置。

全面考虑近期与远期发展之间的关系，做到以近期为主，预留远期发展。

根据场地的自然地形，合理地确定工业场地平场方式及标高，以减少土石方工程量。

节约用地，根据生产使用、防火、卫生、安全、环保等要求，设计多层或联合建筑。

在满足工艺布置和交通运输合理的前提下，力求人货分流、路径短捷、作业方便，减少交叉和折返运输。

3. 总平面布置构思

总平面布置设计构思，在实地踏勘，充分调查研究的基础上，通过思维能力，借助人的主观能动性，针对设计要求，按照客观实际，从方针政策、生产使用、技术经济效益、内外协调，乃至建筑艺术等各个方面进行综合分析、研究、比较、判断，提出满足计划任务书要求的比较好的设计。

（二）煤矿企业总平面布置要求

煤矿总平面布置是指井工开采的煤矿工业场地总平面布置。除应遵循总平面布置的一般原则和要求外，还要结合矿井生产的特点，使总平面布置满足矿井生产的要求。

矿井地面总平面布置。受煤炭资源赋存条件的制约。工业场地、居住区、铁路、公路、各种工程管线及设施布置，无不受开采范围的影响，相应地也影响工业场地总平面布置。

矿井工业场地总平面布置。与井下开拓是相互影响、相互制约的，是矿井整体合理开发的决定因素。因此，总平面布置应与开拓布置密切配合，使井上下成为一个合理的协调整体。

煤矿生产运输量大，运输方式多样，是保证矿井正常生产的主要环节，直接制约工业场地总平面布置。因此必须结合厂内外运输要求进行布置。

煤矿生产的目的是开采出煤炭，因此工业场地布置的位置、占地面积要尽量减少压煤，特别是不压第一水平可采煤量。为此工业场地的长边一般应垂直煤层走向，尤其是倾斜和急倾斜煤层。

煤矿在生产过程中将排弃大量的矸石和废水，煤矿开采后还会产生地表塌陷，严重污染并破坏自然环境。矿井地面总平面布置应配合有关专业采取相应的环保措施，防止环境污染。

煤矿工业场地为满足井田开拓要求，有可能坐落在地形复杂、地质条件较差的地段。总平面布置要因地制宜、趋利避害、合理布置。

（三）煤矿企业的功能分区

煤矿企业根据其功能不同主要分为四个区：行政生活福利区、辅助生产区、生产区和公用设施区，如图5-5所示。

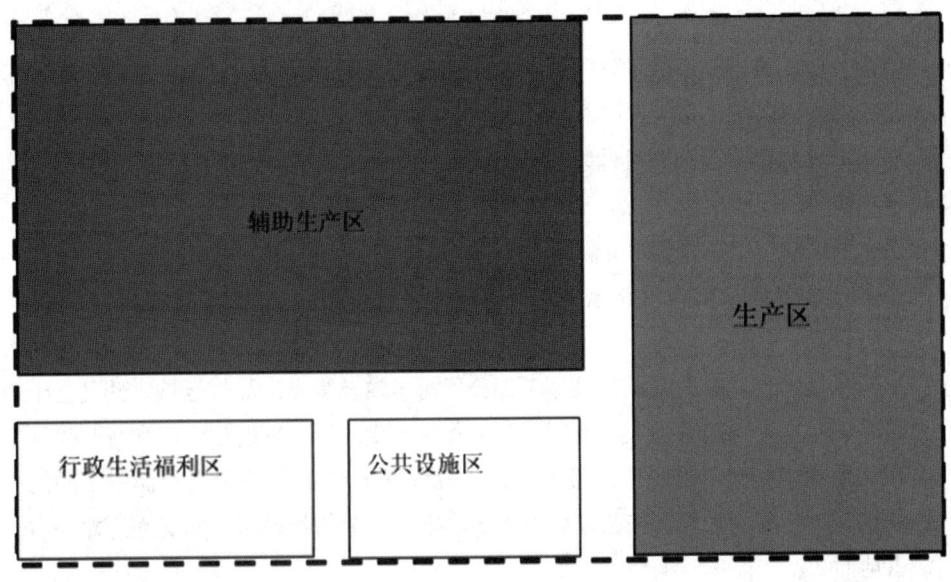

图 5-5　功能分区关系图

行政生活福利区一般由厂前区、行政办公楼、食堂及招待所、联合建筑、单身公寓和文体活动中心组成。主要供行政人员办公及职工生活使用。行政生活福利区宜布置在与外界交通方便的一侧。通常会在行政生活福利区设整个煤矿企业的主要出入口。

辅助生产区由于煤矿企业在开采煤矿的过程中，需要用到的辅助材料众多，一般有水泥、沙子、钢筋、锚杆、支架等。为了存储这些材料，会在辅助生产区布置器材库、器材棚、机修车间、综采设备中转库、坑木加工房、油脂库及材料堆场。并且为了运输使用方便，会在材料堆场中设龙门吊。

生产区主要是原煤从井下开采运出地面之后的工艺流程，一般原煤会先通过皮带运输至原煤仓进行存储。然后再通过皮带运输至筛分破碎车间进行处理，再通过皮带运输至主厂房进行洗选。最终产品煤进入产品仓进行储存。洗选出的煤矸石则通过皮带运输至矸石仓存储。最终通过汽车外运至临时排矸场排弃。

当然一个煤矿企业里还有一些必不可少的公共设施，譬如有：变电所、井下水处理站、生活日用消防水泵房、污水处理站、锅炉房等。一般原则上这些设施宜布置在与其有较多相关联的建构筑物设施附近，减少其之间的运输距离与管线连接距离。

（四）影响总平面布置的因素

1. 主要影响因素

煤炭企业总平面布置基础包含多个方面：运输设计、竖向规划、自然地形、管线综合、占地面积、发展预留等。

合理的运输设计，可以使人流及货流尽可能减少折返运输，为煤炭企业节省运输成本，节约运输时间。

结合自然地形，合理确定总平面的竖向标高，有利于减少场地填挖土方工程，节省建设期间平场费用。

厂区内管线布置的规整化，可使建设期间管线施工方便节省成本，并且在后期的使用过程中方便检修。

建构筑物、厂区通道及一些堆场的布置，在满足防火间距及一些其他安全要求的前提下尽量紧凑布置，可以为煤炭企业节省用地。

一个良好的煤炭企业必须在设计阶段考虑其未来发展，故在前期的总平面设计阶段，需考虑预留每个功能区的发展用地，以至煤炭企业在未来扩大规模时，不受总平面布置的限制。

2. 煤炭企业运输对总平面布置的影响

煤炭企业运输方式主要为道路运输、窄轨运输及皮带运输。由于三种运输方式的特点不同，对总平面布置的影响也不同。

道路运输在煤矿企业中主要承担人流、部分货流运输及少量产品煤运输。并且主干道还在煤炭企业总平面布置中承担着各大功能区的划分作用。生产区、辅助生产区和行政生活福利区之间都采用主干道来划分。由于道路最大纵坡一般可以达到8%，所以总平面中不同的平台也依靠道路来连接。一些场地面积较为紧张的煤矿企业，部分管线也可以布置在道路下方，可以减少管线占地面积。

窄轨运输主要承担辅助生产区材料运输的任务。窄轨纵向坡度要求较高，一般纵向坡度设计在5‰左右。这就使总平面布置时，辅助生产区场地坡度也必须控制在5‰左右。保证窄轨坡度与场地坡度一致。通向窄轨的各个库房、车间也需要布置在窄轨车场的附近，以便与窄轨车场相连接。围绕着窄轨车场布置各个建构筑物，最终形成煤炭企业中的辅助生产区。

皮带运输在煤矿企业中主要承担生产区煤流运输，由于储煤的原煤仓、产品仓和破碎、洗选原煤的筛分破碎车间、主厂房，单体建筑物高度都较高，一般在40m~60m。然而皮带的倾角常规设计在16°~18°。所以皮带运输距离较长，每两个建构筑物之间皮带长度一般为100m~200m。这样煤炭企业生产区平面布置占地较大。为了节省用地，生产区常采用L型布置，然后将一些小的建构筑物布置在皮带下方。

3. 煤炭企业运输与总平面布置的关系

总平面布置是企业运输的基础。场地的总平面位置确定之后，才可确定车间之间运输线路、运输方式。

同时，企业运输促进总平面布置的优化调整。通过调整优化运输线路与运输距离，可以使企业运输合理化，工艺流程顺畅，设施布置紧凑，使运输设施及能力适当，节约投资，提高效益，从而调整优化总平面布置方案。

总平面布置与企业运输相互制约。企业的总平面一旦确定，厂区的运输系统也就被确定，即道路、铁路、胶路、管道的位置也就确定。故要想实现运输合理化，首先就得有一个合理化的总平面。只有各种生产设施合理布置，才能减少物料迂回、交叉，以及无效往复，使物料运输距离达到最短，运费最小。总平面布置的调整，运输线路、运输距离也会随之发生变化。例如，将A仓库的材料运输至F车间。运输线路为折线，运输距离较长（如图5-6所示），如果将F车间与D车间平面位置互换，那么运输线路则变为直线，且运输距离缩短（如图5-7所示）。

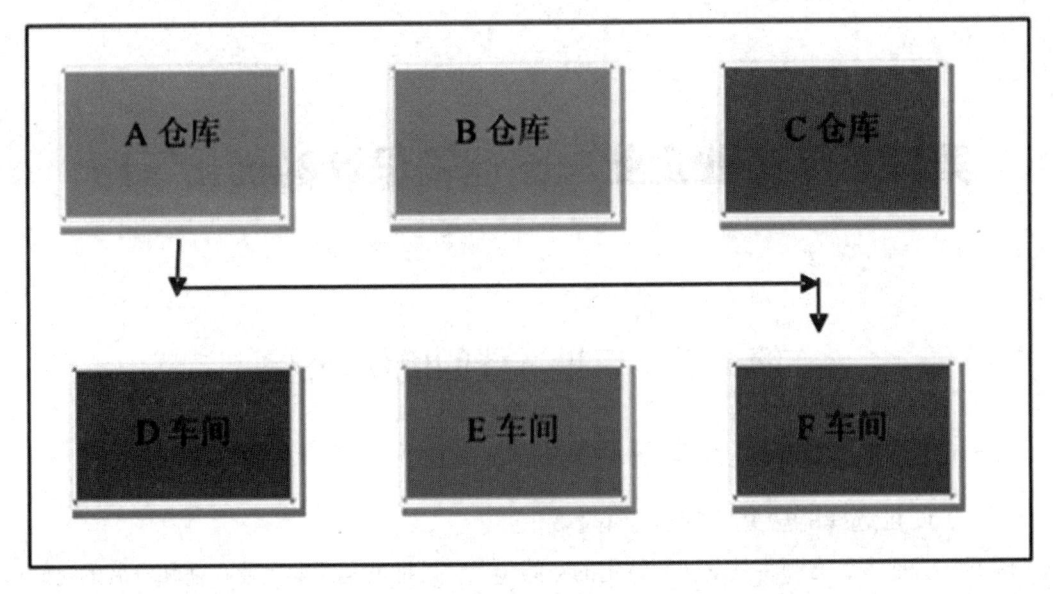

图 5-6 运输线路 a

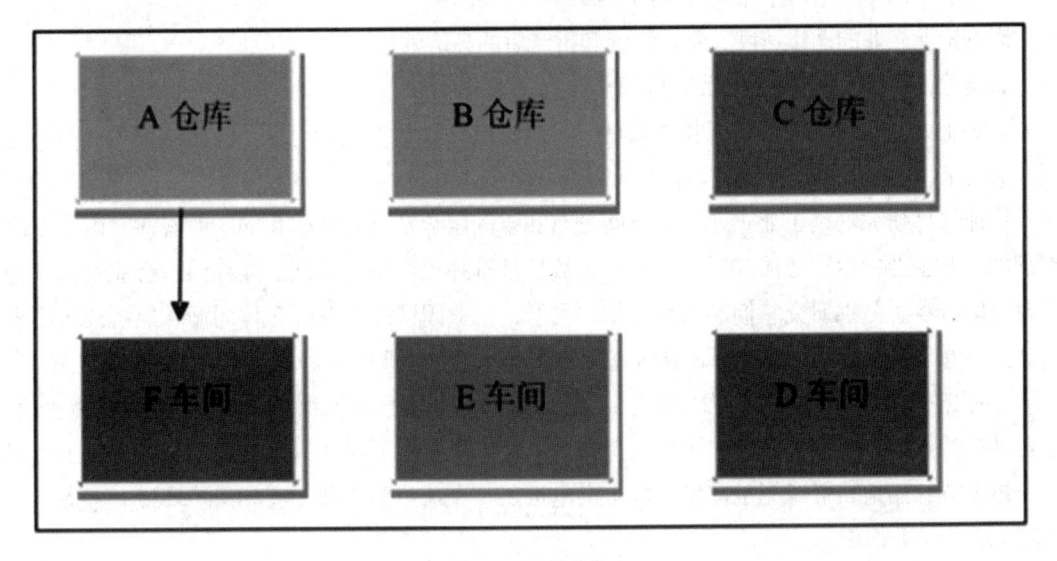

图 5-7 运输线路 b

因此，企业运输和总平面布置是互相制约、相辅相成的关系。总平面布置决定了运输的线路与距离，相反的，运输也可以调整优化总平面布置。一个合理的煤炭企业总图运输方案必须合理地协调运输与总平面之间的关系。

第六章 工业企业总图运输设计的优化策略

第一节 厂址选择的优化方法

一、厂址选择概述及其阶段划分

（一）厂址选择的意义、内容与基本原则

建设工业企业，必须将其落实到特定的空间位置，厂址就是工业企业存在和发展的空间形式。厂址位置的好坏，对于工业发展的影响是多方面的：

影响工业企业的建设速度、基建投资和投产后的经济效益；

影响地区的产业结构、地区协作、地区经济发展和环境保护；

影响工业企业生产要素的保持或发展。不难看出，科学地选择厂址，既能体现工业布局合理性的要求，也是开展工业企业总图设计的重要前提。

厂址选择研究的是工业企业厂址空间分布和空间组合及其发展变化的一般规律；由于不同类别的工业企业的生产性质和特点不相同，故厂址选择也应根据不同工业部门、行业及工业企业自身的特点，分别研究它们的布局规律；另外，工业园区或工业综合体的循环经济效应已经得到人们的公认，所以厂址选择还要研究能够体现"工业企业间良好协作关系"的布局问题。

厂址选择工作涉及面广、内容繁杂，主要反映出政策性、全面性、长远性、不可移动性、综合性等特点。这些特点就决定了厂址选择应遵循以下基本原则：满足工业布局、符合工业规划、重视节约用地、资源充足落实、供水供电可靠、交通运输方便、有利保护环境、考虑企业发展、方便企业协作。

（二）厂址选择的阶段划分

依据选址范围的不同，厂址选择工作一般分为三个层次：

地区选择：根据厂址选择的原则和要求，结合地区的自然条件、经济条件和社会条件，运用工业区位论原理，根据企业的区位指向，选择厂址的局部地区；

地点选择：运用区域工业规划与布局理论，选择厂址的布局地点；

位置选择：运用厂址最优位置确定的理论方法，选择厂址的具体位置。

针对以上三个不同空间尺度的地域层次，在实际工作中厂址选择工作一般分为三个阶段完成——地区选择阶段、地点选择阶段、厂址位置选择阶段。每个阶段的要求和考虑的因素都不尽相同，即使是相同的因素在范围和程度上也有差别。厂址地区选择的基本特点是从大的区域范围内统筹考虑自然资源条件和社会发展需求；地点选择和位置选择则是在相对小的范围内以

建设条件与生产条件为主要考虑因素。见表6-1。

表 6-1　厂址选择各阶段考虑的主要影响因素

区位因素	厂址选择阶段	地区选择	地点选择	位置选择
自然因素	原料、燃料、动力	++	+	-
	水资源	+	++	+
	土地资源	-	+	++
	地形、地质	-	-	++
经济因素	现有经济基础	++	+	-
	基础设施	+	++	++
	集聚作用	+	++	++
	居民、劳动力的质量	++	+	-
社会因素	均衡布局	+	-	-
	民族政策	+	-	+
	环境保护与生态	-	+	+
运输与运费		++	+	+
经济地理位置		++	+	-

注："++"表示各因素对厂址选择阶段产生影响强；"+"表示各因素对厂址选择阶段产生影响一般；"-"表示基本不产生影响。

（三）分阶段优化厂址选择过程

对于不同的厂址选择阶段，可以依据其自身的特点与主要影响因素，按照阶段内选厂的基本原则，通过定性分析，完成选厂的任务与主要工作内容。与此同时，运用定量分析与定性分析相结合的手段，优化厂址选择工作，实现客观地、科学地选择厂址的目标，一直是总图设计学者的一个主要研究方向。

厂址地区选择往往从宏观上分析一个或少数几个影响选厂的决定性因素，对于其他因素则可以有所退让。比如在陕北地区建立能源重化工项目，就是依据矿产资源条件优越这个决定性因素确定的，水资源相对匮乏等不利条件做了退让。当决定性因素较少的时候，运用工业区位论优化厂址地区选择工作，能够取得显著效果。

厂址位置选择是在微观层面上进行的。其基本方法是：通过对比几个备选厂址的各类属性（包括定性因素与定量因素），得到各厂址的综合评估价值，并在其中择优作为确定的厂址最优位置。确定厂址最优位置问题，实质上可以被视为系统综合评价问题。解决这类问题的可行方法很多，如 Delphi 法、AHP 法、模糊综合评判法等。

厂址地点选择介于地区选择与位置选择之间，属于中观范畴，其优化选址的有效方法尚不多见。这是因为：一方面，地点选择的影响因素较多，不能像地区选择那样单纯分析少数决定性因素；另一方面，在确定的选厂地区内，可供选择的地点仍较多，如果采用确定厂址最优位置的方法，对每个可供选择的地点内的各个可选位置逐一分析计算，不仅工作量巨大，技术上不易实现，而且会有某些局限性。

二、厂址地区选择的优化方法——工业区位论

（一）工业区位论概述

工业区位论是伴随着资本主义工业化的进程而逐步发展起来的，在20世纪初，由德国经济学家A.Weber建立了基本理论框架。经过100多年的发展，业已形成了一套比较完备的理论体系。

社会中人类进行活动，必须选择各种场所。以什么动机来选定这些活动场所，属于人类社会中的行为。人类行为场所选择的地点就是区位。相应地，人类为进行工业建设活动而选择的厂址地区，就是工业区位。

进行厂址地区选择时，人们的基本动机在于所选的工业区位能满足企业生产和发展所要求的主要条件。如资源条件、交通运输条件、劳动力条件、市场条件等。工业区位具备的条件愈优越，则企业建成后的经济效益就愈好。然而，现实中对企业发展有利的条件通常分布在不同的工业区位，如何选择一个最大限度地节约劳动消耗的最优区位是厂址选择研究的重点。

由于不同类别的工业企业在生产工艺和技术经济特点上差异很大，故其对于厂址条件的要求也不一样，同时也就产生了不同的指向性。所谓"指向"，是指某种因素对于某种企业具有特殊的吸引力，企业被相应地吸引到某个区位。工业区位论的主要理论基础在于：根据企业不同的指向性来选择厂址的最优区位，能够多方面节约劳动消耗。

工业企业种类繁多，故影响其厂址工业区位的各种条件很多。这就决定了厂址的区位指向也很多。倘若逐一分析制约厂址工业区位的所有指向，不仅内容繁杂，且在不同指向间不易进行横向比较。与此同时，注意到厂址地区选择关注的是决定厂址工业区位的一个或多数几个决定性指向（原料指向、消费的指向、劳动力指向、集聚经济指向等），因此工业区位论适用于厂址地区选择阶段，而非地点选择或位置选择阶段。

（二）原料指向（运输指向）

某些企业在生产过程中，原料、燃料的进入和成品的运出数量很大，其生产成本的地区差异主要是运输费造成的，把它们布局在运费最低点可大幅度降低总生产成本。如果把这些企业布点在原料的运费最少处，则对这些企业来说，它们的厂址区位指向就是原料指向。

（三）区位三角形及其求解

指向性仅从定性角度分析了厂址应靠近某个有利条件，不能确定厂址的具体地区。为此，工业区位论学者建立了经典的区位三角形，作为求最佳厂址的模型。在工业区位论的推导中，把原料、燃料和消费地的分布作为决定厂址区位的基本图形。一般情况下，多种原料地与燃料地分别分布在消费地以外的不同地点，将这些地点连线，形成的是一个区位多边形；特别的，当原料地与燃料地各只有一个且与消费地分开时，就形成了区位三角形。

（四）对于区位三角形模型的拓展分析

区位三角形实质上是仅考虑原料地、燃料地与消费地因素对厂址的影响，且影响因素点位均唯一的特殊情况。实际上，企业的原料地、燃料地很可能不唯一；另外在很多情况下，厂址选择需要考虑原料、燃料以外的其他影响因素。

（五）工业区位论适用于厂址的地区选择阶段

工业区位的指向性可以从宏观上控制厂址地区选择的大致布局方位；经过进一步建立区位三角形或区位多边形的数学模型，有条件寻求理论上的最小费用点，作为厂址地区选择的依据。

科学研究的大量事实表明，数学模型的求解难度随着目标函数的复杂与约束条件的增加将不断上升，甚至可能出现"无解"的极端情况。厂址地区选择以满足运费等少数决定性影响因素为基本出发点，对于在地点选择、位置选择中需考虑的很多影响因素可以忽略；与此同时，现实中备选的原料地、消费地等"地区"的数量亦不会很多。为此，运用工业区位论，对厂址地区选择建立区位三角形或区位四边形等相对简单的数学模型，就能基本达到寻求厂址最优地区的目的。综上所述，工业区位论适用于厂址的地区选择阶段。

三、厂址位置选择的优化方法

（一）厂址最优位置的确定方法

厂址最优位置确定方法有：比较矩阵法、层次分析法、判定优先次序法、重心法及数学程序法、数学规划法、评分优选法等。这些方法，大致上可以分为两类：

没有候选的厂址位置，通过建立基于某种或某几种目标的数学模型来直接寻求最优厂址位置，如重心法及数学程序法、数学规划法；

通过定性分析建立候选厂址位置集合，进而通过分析候选集合中各厂址的各项指标（包括定性指标与定量指标），得到各厂址的综合评估价值，并在其中择优作为确定的厂址最优位置。如比较矩阵法、层次分析法、判定优先次序法等。第一类厂址最优位置的确定方法与上文求区位多边形最小费用点的数学模型比较类似，是完全定量分析过程，客观性很高，在理论上具有很强的说服力。然而，在厂址位置选择的实际工作中，其适用性却是受到质疑的。

厂址位置选择的特点是：候选的厂址位置不是很多，一般3~4个，大多不超过6~8个。而需要考虑的厂址指标属性则较多，主要有：满足用地要求、交通运输方便、节约建设用地、地质良好稳定、水源充足可靠、供电安全落实、有利于防洪排涝、搞好环境保护、利于加快施工、方便职工生活、注意特殊要求等。

（二）系统综合评价方法

第二类厂址最优位置的确定方法是在已确定的地点内，通过对比数个候选集合中的各厂址位置的各项指标属性，得到其综合评价值，并据此选择厂址最优位置。

系统综合评价指根据系统确定的目的，在系统调查和系统可行性研究的基础上，主要从技术、经济、环境和社会等方面，就各种系统设计的方案能够满足需要的程度与为之消耗和占用的各种资源，进行评审，并选择出技术上先进、经济上合理、实施上可行的最优或最满意的方案。

通过对比以上内容不难发现：厂址位置选择的过程，实质上就是一个系统综合评价问题，既有的解决系统综合评价问题的成熟的理论方法，可以被用作求厂址最优位置的手段。

（三）系统综合评价方法是优化厂址位置选择的有效手段

系统综合评价方法，在理论上已经趋于成熟，在实践中亦得到了广泛的应用。更为重要的是，在厂址位置选择过程中系统综合评价方法具有良好的适应性：既能克服传统定性决策对于厂址选择工作的干扰，又不会因为单纯依赖建立复杂的数学规划表达式而陷入难以求解的尴尬局面，并且能够很好地体现定性分析与定量分析的结合。

综上所述，应用系统综合评价方法是优化厂址位置选择的有效手段。

四、基于分维求权重的厂址地点选择优化方法

（一）地点选择是厂址选择的中间阶段

厂址的地点选择，与区域规划或工业基地规划是密切相关的。多数情况下，厂址的地点就是在上述规划的编制中得到落实的。在区域规划或工业基地规划中分析厂址地点选择，首先要认识到的就是：地点选择是厂址选择的中间阶段，只有针对这一阶段的特点，才能寻求适用于该阶段厂址选择工作的优化方法。

相对于宏观的地区选择与微观的位置选择，地点选择处于中观范畴，具有以下两个主要特点：

地点选择阶段需要考虑的影响因素虽然相对位置选择阶段可能较少，但仍大大多于地区选择阶段。

地点选择阶段可供选择的备选方案远多于地区选择阶段或位置选择阶段，甚至可能有十数个之多。

影响因素多且备选方案多的特点，决定了上文提到的工业区位论方法或系统综合评价方法并不完全适应地点选择阶段：一方面，存在众多的影响因素，使得建立与求解诸如区位多边形等数学模型的难度陡增；另一方面，倘若采用系统综合评价方法逐一分析计算众多的备选方案，不仅工作量巨大，技术上不易实现，而且会有某些局限性。有鉴于此，下文将提出采用分维数求影响因素权重的方法，作为优化厂址地点选择的一种新的尝试。

（二）厂址地点选择的前提条件

在区域规划与工业基地规划过程中实施厂址地点选择，必须以准确判断各备选地点的实力大小、竞争力优劣为前提条件。只有在此前提下才能进而将工业企业配置在需要的厂址地点：可以强强联合，将厂址配置于位序靠前的城镇，利用先发优势，谋求企业快速发展；亦可以统筹兼顾，将厂址配置于位序靠后的城镇，实施后发战略，推动企业与地方经济全面发展。

而判断备选地点实力大小时，如何求各影响因素的权重指标是解决问题的关键。上文所述系统综合评价方法虽然也可以用来求权重，但考虑到厂址地点选择的特点，这种方法有弊端：

诸如 Delphi 法（专家咨询法）的主观赋权法，主要依靠专家经验，考虑比较全面，特别是能够考虑到一些非量化因素的影响，而且也比较好解释，但人为确定权重，有很大的主观性；在地点选择阶段方案和影响因素都较多的情况下，主观影响将可能进一步被放大。

诸如主成分分析法的客观赋权法，尽管通过对各属性指标数据特征的定量分析给出权重，但仍有某些局限性，有时对所得结论也不易给出合理的解释。比如，主成分分析法其使用的前提之一是属性指标间要具有较高的相关性，只有这样才能得出各属性指标共有的主成分。然而地点选择阶段分析的指标较多，往往有一些属性指标之间并不存在必然的相关关系。这就使得

主成分分析法等客观赋权法在作用于厂址地点选择工作时，难免受到一定的局限甚至形成偏差。

厂址地点选择总是在区域规划内得到落实的，这一阶段的备选地点又大多是以城镇为表现形式的，备选方案的各项影响因素通常就是城镇评价指标的各项内容。不难看出，厂址地点选择得到有效实施的前提条件与某区域内城市发展综合实力排序等问题在实质内容上基本是一致的。故，有条件将分维求权重方法引入厂址地点选择工作。

五、复杂地形下站场总图设计

长庆油田位于广袤的鄂尔多斯盆地，勘探面积约为37万km^2，横跨黄土高原、内蒙古高原，整体地形以山地居多，尤其在黄土高原地区更是沟壑纵横，支离破碎。油气站场多分布在陡坡、不规则地形或冲沟上，要在这样的地形上建设大型油气站场，其总图设计工作极具挑战性。根据近年来的设计和建设经验，笔者研究总结了长庆油田复杂山地地形下站场总图设计的特点，以长庆气田第四天然气净化厂（以下简称第四净化厂）总图设计为例，对站场平面、竖向、排水、挡护等设计进行分析和总结。

（一）站场平面设计与地形评价

某个站场总图设计成果的优劣，主要体现在平面设计上，而地形对平面设计的影响至关重要。一般情况下，规模一定、工艺相近的站场平面布置形式已基本标准化，对于地形较为平坦的站址，稍作修改即可利用。但对于地形复杂的站址则不能直接套用，需要调整各功能区的相对位置，尽量将站场布置在地势较缓、整块的区域，避免陡坡、沟壑等地势急剧变化的区域。如果沟壑等地形不可避免，则要将小型辅助设施布置于此，以降低场地安全风险，提高站场的稳定性。

长庆气田已建成的3座天然气处理厂设计规模均是50亿m^3/a，平面布置基本标准化，并且处于苏里格沙漠地区，地势较为平坦，这为处理厂平面设计提供了方便的条件。第四净化厂设计规模为30亿m^3/a，净化厂与处理厂工艺相近，功能区块相似，若净化厂站址地形较为平坦，则可套用处理厂的平面布置模式，但第四净化厂站址恰好处在一山、两沟的复杂地形之中，站场场地内外均受制约，因此，必须调整以前的理想平面布置模式。调整后的平面设计效果示意见图6-1，将主要生产装置区、办公区布置在场地中间地质较稳定的区域；储运系统、污水处理系统、进站阀组区布置在最下面，靠近进站道路的区域；污泥焚烧、硫黄回收、供热系统、变电所布置在靠近山顶一侧。

图6-1 第四净化厂平面设计效果示意

（二）站场竖向设计与地形

复杂地形下站场的竖向设计是此类站场总图设计的核心部分，是平面与地形相结合、相适应的个性表现，并且竖向设计反过来也会影响平面设计。处于复杂地形的站场场地平整后都有高填、高挖区域，一般采用台阶式竖向布置形式以减少土石方量，并且要顺应自然坡向。

第四净化厂站址场地地形高差为48m，坡度为17%，局部达40%。若按一个高度进行平整，将形成高约30m的挖方和深约20m的填方，不仅场地稳定性存在极高的风险，且土方工程量也很大，为避免产生以上后果，将场地分为三个台阶布置（见图6-2）。考虑到站外道路最大坡度不宜超过8%，挡土墙安全高度不宜超过8.5m，故将每级台阶高差定为8.5m；将最高一级台阶上部山体挖方放坡31m，共设4级土护坡，每级护坡高度为8m。

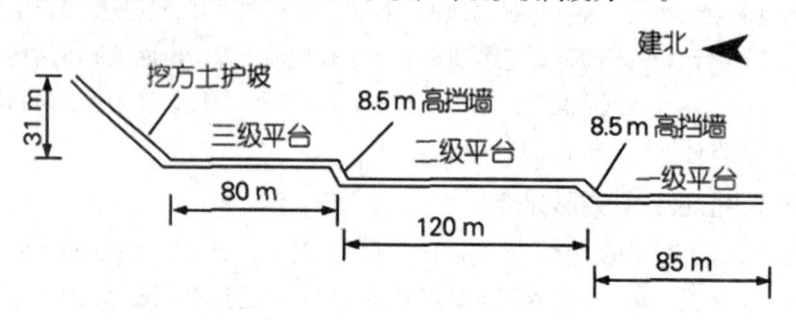

图6-2 第四净化厂场地竖向设计剖面示意

场地台阶高度确定后，要与平面布置结合，确定每级台阶内部的功能区布置，进而确定每级台阶宽度。按照各功能区域主出入口的关系、工艺流程的走向及对地形高差的要求，将储运系统、污水处理系统、进站阀组区布置在最低一级台阶上，便于管道进站及甲醇、污水拉运，台阶宽度为85m；将主要生产装置区、办公区布置在中间一级台阶上，视野开阔，兼顾上、下，台阶宽度为120m；将污泥焚烧、硫黄回收、供热系统、变电所布置在最高一级台阶上，其位于办公区最小风频的上风侧，利于污染气体挥发，台阶宽度为80m；将火炬区布置于站外最高处，且位于场地最小风频的上风侧。

（三）站场排水及挡护设计

由于山区站场场地边界与站外地形往往存在较大高差，故需要设计边坡挡护，以维持场地稳定。除做好场内雨水迅速外排设计外，还要做好站外排水设计以防止外涝。设计的排水设施一般为截洪沟、急流槽、跌水井和集水井等。

第四净化厂场地两侧有两处拦水坝，前有排洪渠，为了防止坝后洪水威胁，场地设计高程必须高出洪水位0.5m以上，并且场地不能占用排洪通道。另外，在场地北侧31m高护坡的台阶步道上设置了多条截洪沟，一方面防止山上雨水进入站场；另一方面可减弱冲刷，起到保护护坡的作用。场地内也采取了加大台阶坡度的措施，向南、向西两个方向坡度分别为1%和0.3%，道路下面采取设雨水管道的方式，既加速雨水外排，又可消耗部分地形高差。

因为护坡位置不同，地质条件有差异，使得防护设施设计成为第四净化厂总图设计中的一项复杂工作。设计过程中，针对不同护坡的高度、作用和承载力，并考虑工程费用因素，共设计了五种类型的挡墙。

（四）复杂地形下站场总图设计思路

从第四净化厂总图设计中可看出，复杂地形下站场平面、竖向及排水设计应从以下几方面考虑。

1. 平面

相似规模的工艺站场，以典型站场平面为模板，根据具体项目的特点调整功能区内部布置。

根据地形条件状况，将工艺联系紧密、对地形要求相近的区块相邻布置或布置在一个台阶上。

避免将大型建构筑物、工艺装置布置在高填方区、填方和挖方分界线、大型冲沟或陡坡上；当无法避免时，应采取地基处理等措施，防止因地基不均匀沉降变形可能造成的破坏。

对初步确定的总平面进行主要生产区、辅助生产区、办公区三大区域划分，按照距离出入口远近、管道进出站方向、风向、整体美观性等要求，调整区块布置，将每个区域集中布置，并尽量布置在一个台阶内，以此确立平面方案。

2. 竖向

根据地形高差、坡度和平面情况，通过平坡式与台阶式方案的比选，初步确定采用台阶式布置形式，含台阶数量、分台位置及台阶高度。

根据平面设计成果计算台阶宽度。

研究连接相邻台阶的站内道路最大坡度，以及台阶挡墙或护坡的最大安全高度，从而最终确定每级台阶的高度。

结合地质勘察报告，根据放坡地段不同的高度、作用和承载力，并考虑工程费用因素，选择确定挡土墙或护坡的类型。

3. 排水

场地标高及排水的设计应考虑距站场较近有洪水威胁的因素，如水坝等，站场标高应在最大洪水位 0.5m 以上，且不应阻塞或占用原来的排洪通道。

站外排水应在高挖方边坡上设置多条截水沟，在其他有可能冲刷边坡的地段设置排水沟，所有排水设施的尽头应有通畅的出水通道，并设置消力池等可减弱冲刷的设施。

站内排水应根据当地降水量、雨水外排环保要求和竖向布置方式，选择暗管排水、散排等方式。

排水坡度应根据降水量大小确定，并且要结合竖向布置顺应坡向。

六、大型热源厂厂址选择与总图运输设计

当今，环境问题已成为影响人类生存与发展的一项重要问题。森林滥伐、水土流失、地球变暖、臭氧层出现空洞，以及各种各样的污染时时刻刻威胁着人类的生存环境，更危害着我们的子孙后代。近年来，集中供热事业快速发展，热力工程的发展壮大有目共睹，这正是一项节约能源、改善环境、造福人民的工程。城市集中供热热源厂是整个集中供热工程建设的龙头，厂址的选择及总图运输设计是一项政策性和技术性很强的综合性工作，它不仅关系到热源点布局的合理性，热源厂安全经济运行，而且直接影响热源厂建设进度和投资。选址及设计质量的

好坏，直接影响到工程建设的质量和进度，所以厂址选择是一项非常重要的工作。

（一）厂址选择

厂址选择分为两个阶段进行：

初步可行性研究阶段的选址工作，它是根据热力系统中、长期的发展规划的要求或受项目单位的委托，在指定的一个或几个地区内，对建厂外部条件进行调查研究，选择多个可能建厂的厂址，通过技术经济论证，择优推荐出建厂地区和厂址顺序，并提出建厂规模的建议，作为热力系统规划设计或可研阶段工作的依据。

可行性研究阶段的选址，根据审定的初步可行性研究报告和项目单位的委托，在规划选厂的基础上进一步落实建厂外部条件，并进行必要的勘测和试验工作，在掌握确切的技术经济资料的基础上，进行多方案比较，经全面的综合技术经济论证，提供推荐厂址方案，作为项目单位决策的可靠依据。

初步可行性研究应以中、长期热力规划为依据；可行性研究应以审定的初步可行性研究报告为依据，同时要综合考虑热负荷、燃料供应、交通运输条件、地区自然条件、环境保护要求和建设计划等因素，做到从全局出发，符合城市总体规划，正确处理与其他工业及人民生活等方面的关系；贯彻节约用地的基本国策，尽量利用闲置空地、荒地；还应注意避免大量的拆迁，减少土石方工程量。热源厂的厂址应首先考虑靠近矿口、路口及热负荷中心；尽量利用闲置空地、荒地；还应注意避免大量的拆迁，减少土石方工程量；在满足城市规划和环境保护要求的情况下应尽量靠近供热负荷中心。

（二）布置原则

集中供热热源厂是工业建筑中类型比较独特的一种，它与其他类型的工业建筑区别是：与工艺、电气、自控、给排水、暖通等专业需密切配合，施工较为复杂。热源厂的布置原则：

安全可靠、切实可行：各专业按照国家、行业及地方有关法令、法规、设计规范、标准、规程和规定进行设计，保证供热工程实施后能够安全可靠地运行。

造型优美、美化环境：热源厂的设计符合城市规划的总体要求，在满足使用功能的前提下，主要建（构）筑物的设计富有时代感，突出美化环境的功能，建筑形式实用美观。

布局合理、疏密得当：在总体布置上，本着合理组织生产、符合消防要求的原则，根据场地条件，对厂区进行合理规划，绿化美化厂区环境。

工艺先进、节约投资：考虑节能和新技术发展的要求，选择节能、效率高、自动化控制水平高的先进设备，合理控制工程造价。

对锅炉烟尘和烟气中的 SO_2 等有害气体进行有效治理，减少污染，改善环境质量；减少动力设备噪声对周围环境的影响。

（三）热源厂的建设内容

新建热源厂能够满足城市所需的规划区域供热面积，避免后期重复投资。热源厂具体建设内容：

热源厂包括锅炉主厂房，炉后除尘器、脱硫塔、引风机房。

公用设施包括封闭煤场、混凝土烟囱、综合水泵房、地磅房、推煤机库，输煤及破碎系统土建部分、除渣系统、冷却系统、除灰系统、脱硫系统及锅炉点火供油储油系统的公用部分。

建筑厂房按照所需锅炉型号及规模的容量建设，配套设备按照相应规模建设水处理及热网循环系统、空压系统。

热源厂辅助设施包括厂区办公主楼、员工宿舍、食堂、库房、调度中心及检修车间。

热源厂灰渣配套处理设施包括封闭灰渣场和制砖车间。

（四）热源厂总平面布置（以某城市热源厂为例）

场地总体布局。热源厂总体布局主要分为以下几个区：厂前区、生产区、灰渣综合处理区。厂前区布置在厂区南侧，包括办公主楼、员工宿舍、食堂及库房等生活建筑和设施；生产区布置在厂区中央及厂区北侧，包括主厂房、炉后锅炉配套系统、设备及设施、输煤设施、煤场及综合水泵房等；灰渣综合处理区布置在厂区西侧，包括封闭灰渣场和制砖车间。各个建（构）筑物布局和防火间距满足建筑设计防火规范的要求，见表6-2。

表6-2 热源厂建（构）筑物火灾危险性及耐火等级表

序号	建（构）筑物名称	火灾危险性	最低耐火等级
1	锅炉主厂房	丁	二级
2	水处理间	戊	二级
3	封闭煤场	丙	二级
4	输煤栈桥	丙	二级
5	破碎楼	丙	二级
6	引风机房	丁	二级
7	脱硫泵房	戊	二级
8	脱硫剂库房	戊	二级
9	空压机房	戊	三级
10	综合水泵房	戊	二级
11	地磅房	戊	二级
12	推煤机库	丁	一级
13	灰库	丁	二级
14	除渣栈桥	丁	二级
15	渣仓	丁	二级
16	油泵房	乙	二级
17	办公楼	-	三级
18	员工宿舍	-	三级
19	食堂	-	三级
20	材料库房与调度中心、检修库房	丙	三级
21	门房	-	三级

生产区布置。生产区主体呈南北向布置，从南向北依次布置主厂房—除尘器—引风机房—脱硫塔—烟囱；输煤系统按照主厂房—2号输煤栈桥—破碎楼—1号输煤栈桥—煤场布置；综合水泵房和地磅房位于煤场北侧。主厂房固定端朝东，扩建端向西；固定端设置除渣栈桥、水处理间、脱硫泵房等；烟囱设置在固定端和扩建端中间位置。

厂区竖向布置。为了减少厂区土方开挖和回填量，厂区竖向布置尽量与场地自然条件相协调；由于场地自然标高相对于现有道路的标高低，为保证厂区排雨水畅通、防止内涝，厂区整体以回填为主。

厂区出入口及厂内道路。厂区共设有两个出入口，人流和物流分开设置；厂区南侧为人流入口，东北侧为运煤、灰渣出入口；人流和物流互不干扰、互不影响，有利于交通安全。为满足运输、消防要求，厂区规划设置7.0m宽主环形道路系统；分支路面宽度设计为4.0m～6.0m，根据道路具体使用功能设置。

厂区生产、消防给水及排水布置。为保证生产生活及消防用水，厂区内设消防水池两个，保证厂区用水安全。设置综合水泵房一座，内配置生产水泵、消防水泵，提供厂区各用水点的供水压力。厂区设置雨污分流系统，雨水采用道路路面排水形式，在道路单侧设置雨水井排水；厂内各个建筑的污水经厂区污水管统一向南排至公路市政污水管网。

厂区电气布置。厂区电气布置包括动力配电、室外照明配电和等电位联结三部分。动力配电采用电缆桥架敷设；厂区道路照明为单侧形式，采用电力电缆穿管埋地敷设；在锅炉房和其他单体建筑内设置等电位联结系统。

厂区采暖、热力管道布置。厂区采暖管网采用闭式双管制，支状布置，根据厂区采暖建筑布局布置管线；管道采用直埋敷设冷安装方式。

厂区综合管线。厂区综合管线包括给水管、消防管、排雨水管、排污管、采暖管、一次网热力管、动力电缆、照明电缆等。综合管线除动力电缆以桥架的形式敷设，其他都采用直埋敷设方式。

厂区绿化。为减少热源厂扬尘和噪声对周边环境的影响，拟对厂区整体进行绿化。热源厂厂区四周设4m宽的绿化带，以高大树木为主，可以有效地阻挡动力噪声的外传。

厂前区布置。厂前区为厂区办公、生活区域，设置办公主楼、员工宿舍、员工食堂、材料库房及调度中心、检修库房，满足员工日常生活需要。

灰渣综合处理区。为了综合利用锅炉产生的灰渣，避免造成二次污染，拟在厂区西侧建设灰渣临时存放封闭堆场一座，能储存相应规模锅炉共计30d以上的灰渣总量。

第二节 总平面图设计的优化方法

一、总平面布置及其原则和要求

总平面布置就是在既定的厂址和企业总体规划的基础上，根据生产、使用、安全、卫生等要求，综合利用环境条件，合理地确定场地上所有建筑物、构筑物、交通运输线路、工程管线、绿化和美化等设施的平面位置。总平面布置是总图设计的重要组成部分。总平面布置方案的合理性直接影响到总图设计的质量、企业建设投资效益和生产经营成本等问题。如果没有合理的总平面布置，会造成企业布置紊乱拥挤，运输交叉迂回堵塞，就难以保证企业正常、安全、高效地进行生产，而且造成基建费用和运营费用的增加，也不利于企业今后的发展和创造完美统一的建筑群体。

总平面布置是一项政策性、系统性和综合性很强的设计工作，其涉及的知识范围很广，联系的部门和专业多，遇到的矛盾也错综复杂。这就要求总图设计人员在总平面布置时，必须从全局出发，结合实际情况，进行系统的综合分析，统筹兼顾，合理布局设施位置，做出比较理想的总平面布置。

总平面布置的基本原则与要求：了解规划要求，使总平面布置与其相适应；满足生产要求，工艺流程顺畅合理；充分利用地形、地质条件，因地制宜进行布置；在总体规划的基础上，满足建筑朝向、防火、防爆、防噪、卫生等各项要求，布局紧凑合理；适应内外运输的要求，运输线路短捷、顺直；处理好远近建设的关系，全面统一考虑；建构筑物群体组合合理美观，注意艺术效果；考虑施工建设问题，为企业发展留有余地等。

二、布置设计的一般过程

在设施布置时，我们寻求的是最佳的布置设计；在设施定位时，我们希望找到优化的设计。由于这些布置设计都存在需要解决的大量问题，因此找出布置设计的通用方法非常重要。克瑞科提出了如下几个内容：

（一）描述问题

描述问题必须小心仔细，确保问题的准确性，还要面对现实，其范围一般来说，在经济、时间、组织机构允许的范围之内，尽可能广泛些，通常采用"黑箱法"。所谓黑箱法就是事物存在着原生状态（A态）和理想状态（B态），从A态到B态发生转换（如图6-3所示）。A态转换到B态的方法不止一种，它们的可取性也不相等。求解过程设想在黑箱里完成，不规定其方式，输入A输出B。

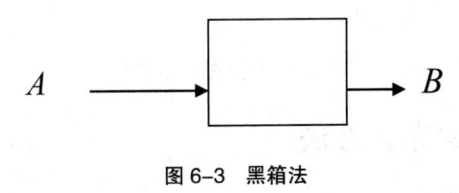

图6-3 黑箱法

（二）分析问题

对问题描述之后，就应比较详尽地分析问题的各种特性和限制条件。此时，应收集大量的数据资料，并仔细地把真正的限制条件和杜撰的限制条件分开。问题分析还包括方案评价标准的鉴别。

（三）研究方案

研究布置方案的过程就是应用黑箱法对各项内容进行说明的过程。在研究各方案的过程中，要解放思想，努力创新，虚心求教，尽最大可能从现在状况中超脱出来，发挥创造力，做出更多更好的布置方案来。

（四）方案优选

一旦有了各种各样的方案，就要着手通过各种方法来进行方案的评价比较选择了。实际方案比较时标准很多，有些是定量的，有些是定性的，而且往往会在优选中对方案有更好的修改建议，再返回研究改进方案，所以方案优选的过程从来就不是一个简单的过程，可以说是布置设计过程中最难的一部分。方案优选的方法有：优缺点列举法、等级法、因素分析法、费用比较法等。

(五)方案说明

选择一个最佳的布置方案后,就要对之进行详尽的说明,通常就是用文字、图纸或模型来表达设计思想。

方案说明是设计过程的最后阶段,但并不表示布局工作已经结束,后期还有布置方案的宣传、施工、投产观察和评价、补充设计等。所有这些职责构成了布置设计循环图(如图6-4所示)。

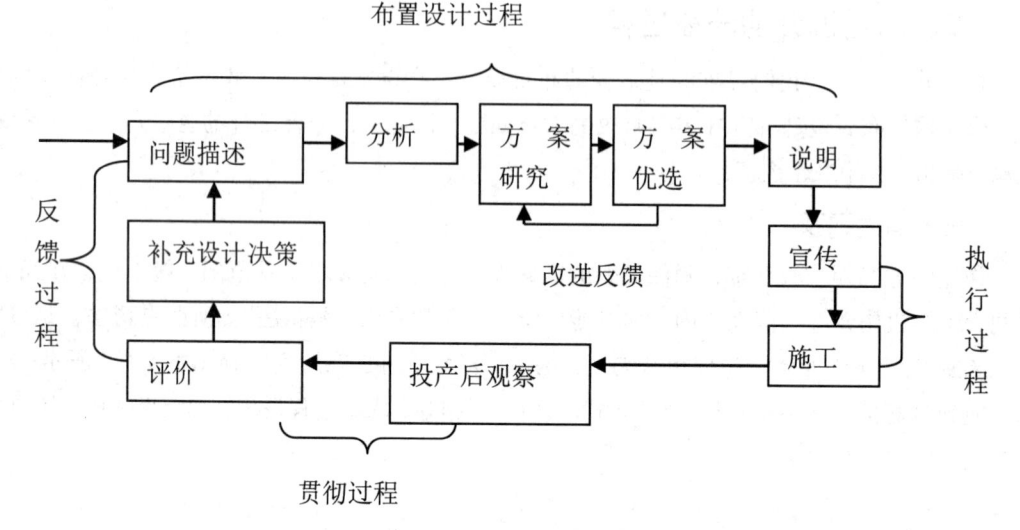

图6-4 布置设计循环图

三、现行的总平面布置方法

(一)传统的布置方法

1. 摆样块设计法

根据:以功能流程示意图、物流、人流图、物流表为依据;

目标:运输费用减少到最低限度;

方法:将工艺专业或者土建专业提供的建筑物、构筑物平面图按一定的比例做成样块(1:500,1:1000,1:2000等),在同样比例已确定的厂址地形图上,按功能要求及总平面布置的一般要求,来回移动样块进行布置,反复多次直至满足工艺流程、各种防护间距、交通线路、管线及绿化布置等要求时方算完成了总平面布置方案。

进行方案比较:采用摆样块法应多做几个方案进行比较,择优选取。

2. 圆圈布置法

先画一个圆,在圆上按顺序编号代替车间,如有7个车间,按顺序编成A、B、C、D、E、F、G,根据各车间的相互关系用线连接起来,在圆上进行分析,尽量将关系密切的车间靠近布置,不要横穿圆圈,而应布置在圆的同一侧。试布置几次找出最优方案。该种方法也初步证明了优化布置的可行性。

（二）数学分析法

由于传统的布置方法有一定欠缺和局限性，主要是总平面布置受到布置人员和设计者主观因素的影响比较大，难免存在一些不合理因素，因而得到的布置方案未必是最佳或最优方案。因此，人们提出了多种基于数学理论的布置方法，这些方法主要是两种：解析布置法和启发式布置法。

解析布置法是通过精确的计算，可以为预定的目标定出最佳方案，解析法有线性编程法、查点法、分支交界法、正方形编程法、动态编程法等。这些方法在理论上是可行的，但是计算工作量很大，即使用计算机也需要很长的时间，所以在实际工程中很少采用。

启发式布置法是采用简单的布置法则，避免了在计算上花费太多的精力和时间，而且能够获得一个比较好的总平面布置方案。启发式布置法常用的方法有结构布置法、交换法和综合法，下面对结构布置法和交换法做个简介：

1.结构布置法

先画边线相等的方格网络，同时对车间进行编号（四边形、三角形均可），再将运输最大的车间布置在一个先确定的位置上，然后将与之有密切联系的车间靠近布置，依此类推，并用线将其联系起来，形成一个车间联系的结构图。用结构布置法布置的总平面图由于其外形不规则很难与实际的建、构筑物平面图相匹配，还必须根据实际限制进行修改，使其与实际要求相符合。

2.交换法

以现有的站或由人工制定的工作单元进行交换，改善方案的目标值，当目标值再也不可出现降低，且已完成预先确定交换数量时，即可停止交换，此时的方案即为最终的总平面布置方案。此种方法对于面积相等的对象交换很适用，而对于面积不等的对象则有诸多不便。其方法是收集布置基础资料，并分析各个作业单位之间的关系，制定其物流量表（流出流入）；根据流出流入量表，按照运输费用最小的总平面布置评价标准即可结合场地地形进行方案布置。

（三）系统布置设计（SLP）

美国理查德·缪瑟（Richard Muther）创立了系统的、从输入数据开始，经过制定、评价、最终确定总平面布置的一套工作程序，称为系统布置设计（Systematic Layout Planning——SLP）。

1.系统布置设计的要点

把研究工程布置问题的依据和切入点归纳为五个基本要素，这五个要素就是解决布置问题的钥匙。这五个基本要素是：P产品、Q数量、R生产线路、S辅助部门、T时间安排。

2.系统布置设计四阶段

系统布置设计四个阶段（见图6-5），在时间进程上四个阶段是以此进行，但是每个阶段都不是独立的，设计人员最好是各个阶段交叉进行。

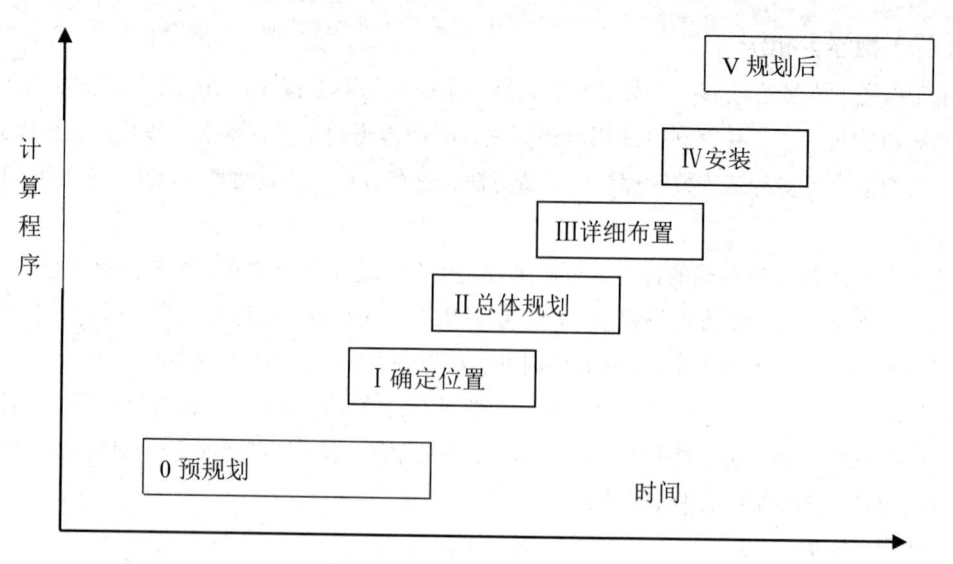

图 6-5　系统布置设计四个阶段

3. 系统布置设计的工作程序

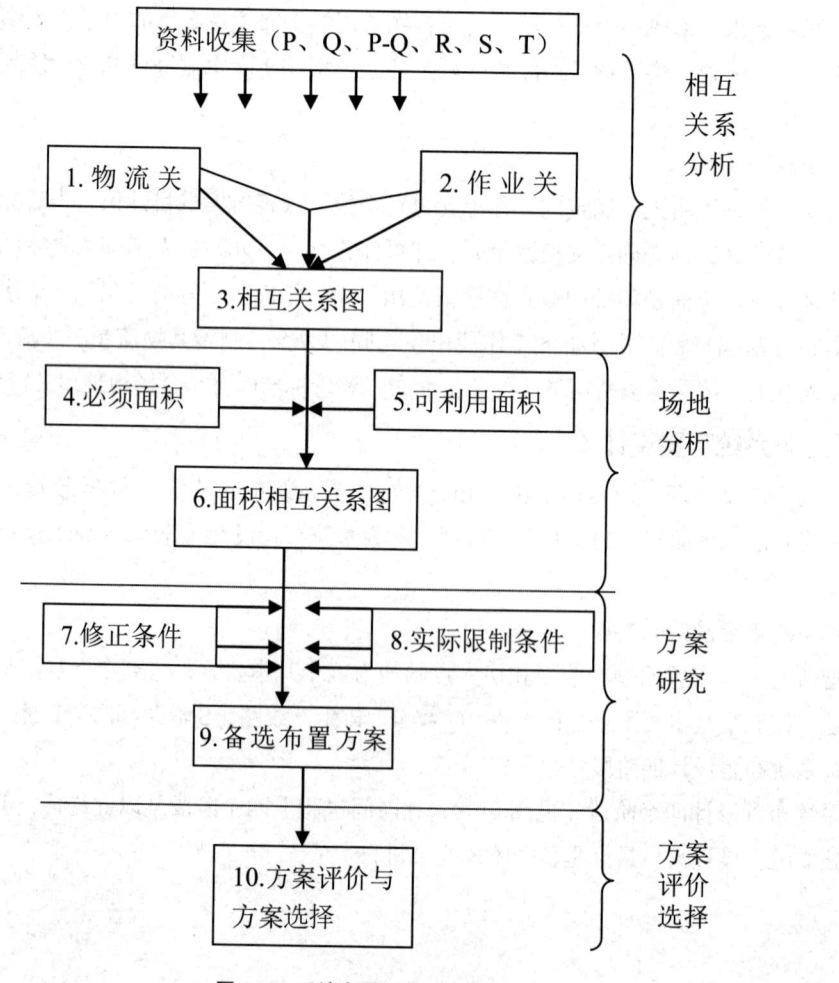

图 6-6　系统布置设计工作程序

Muther 的系统布置设计工作程序可以划分为四个阶段来进行：

相互关系分析阶段：首先分析影响布置的五个要素（P、Q、R、S、T），然后分析车间或作业单位之间的物流联系和非物流关系，并且确定它们之间物流关系与非物流关系的权重，制定其综合的相互关系图。

场地分析阶段：分析计算车间或设施需要的面积，综合考虑可利用的场地面积，绘制场地面积相互关系图。

方案研究阶段：根据设计过程中的修正条件和外界的实际限制条件，在场地面积相互关系图的基础上，精心研究出几套总平面布置方案来。

方案评价选择阶段：选择比较可行的方案评价方法，对做出的几套方案进行分析和评估，科学选出最优方案来，这也是系统布置设计中最难的一个阶段。

4. 作业单位相互关系分析

企业各作业单位之间存在的主要是与生产作业活动密切相关的物流关系。除此之外，还存在着包括人际、工作事务、行政事务等活动之间的联系的非物流关系。当物流状况对企业生产有重大影响时，物流分析就是总平面布置的重要依据，但是也不能忽略非物流关系的作用。尤其是当物流对生产和生活影响不大或没有固定的物流时，总平面布置就不能依赖物流分析，而应当将非物流分析放到重要的位置上。总而言之，在平面布置时需要综合考虑二者的关系，只有客观地、科学地确定了其相互关系，才有可能得到比较好的总平面布置方案。

5. 作业单位位置相关图

在系统布置时，总平面布置并不直接考虑作业单位的建筑面积和几何形状，而是从作业单位间相互关系密切程度出发，安排各作业单位之间的相对位置，关系密级高的作业单位间的距离近，关系密级低的作业单位之间距离远，由此形成作业单位的位置相关图。

四、确定总平面系统布置方案

（一）充分重视传统设计方法

在总平面设计方法中，摆样块设计法一直占据着十分重要的地位。另外，诸如圆圈布置法的图解法也有比较长的历史。这些传统布置设计方法不具备完善的系统操作过程，主要通过试验或设计经验使总平面布置接近最优化布置。

总平面布置的最大特点是综合性强。这突出表现为一广三多——知识范围广、联系部门多、协调专业多、遇到矛盾多。为了统筹兼顾，妥善处置设计过程中的各种矛盾，总平面设计从来不能拒绝丰富的布置设计经验。也就是说，我们研究总平面布置设计的优化方法，并不是要用其取代摆样块设计法，也更不是要否定设计经验的重大作用，而是希望能够实现两者之间的优化组合、优势互补。

以科学的、系统的优化设计方法建立总平面系统布置方案的"骨架"，再运用摆样块设计法进行功能区内的详细布置，促使"骨架"不断丰满并最终成为有机的整体。这是总平面设计应该遵循的导向。只有明确了这一点，才不会将总平面优化设计的研究与既有的设计经验对立起来，才能在两者之间实现和谐与合作。为了寻找确定总平面系统布置方案的优化方法，学者们做了大量工作，研究出了许多方法。比如以数学规划理论为基础的解析布置法，以及诸如结构布置法、交换法等的启发式布置法。各种方法中影响最大且得到普遍认同的，莫过于系统化布置设计方法。

（二）系统化布置设计方法概述

系统化布置设计方法（SLP——Systematic Layout Planning）是由美国设施规划学者 Richard Muther 于 20 世纪 60 年代提出的，是对工业设施传统的布置经验与设计方法的重大改进，在世界范围内对设施布置都产生了深远影响。Muther 认为：SLP 是对设计项目进行布置的一套有理的、循序渐进的、对各种布置都适用的方法。SLP 的基本程序模式，不仅适合物流因素占主导地位的各类各种规模的工矿企业的布置设计或调整，也适用于非物流因素占主导地位的医院、商店等服务业企业的布置设计。SLP 的基本程序模式，既可以用于车间内部各种生产设施装备的平面布置，也可以用于工厂总平面布置。

根据 Muther 的观点：SLP 是一套完整的、系统的、条理的工业设施规划方法，包含了从确定位置到实施的四个阶段，四个阶段的具体操作内容如下）：

第 Ⅰ 阶段是确定位置。位置可以是一个新址，也可以是原址，或者是一个厂房，或一个仓库等。第 Ⅱ 阶段是总体区划。决定布置范围内的基本物流模式，要标明每个主要作业区、作业单位、车间或工厂的大小和相互关系。

第 Ⅲ 阶段是详细布置。包括每台设备或每项设施的位置。

第 Ⅳ 阶段是实施。

SLP 的四个阶段按照时间顺序依次进行，其中第 Ⅰ 和第 Ⅳ 阶段不属于真实的布置设计工作，而第 Ⅱ 和第 Ⅲ 阶段即总体区划和详细布置则是 SLP 的主要内容。

四阶段操作流程和内容见图 6-7。

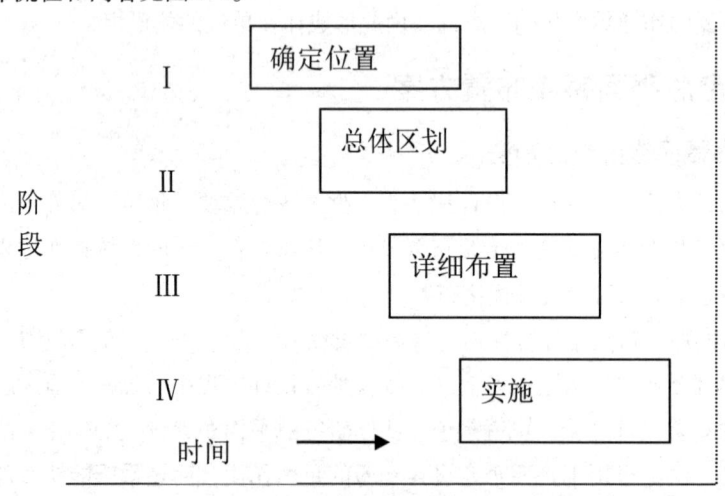

图 6-7 SLP 的四个阶段

应该注意到：SLP 的第 Ⅱ 个阶段——总体区划，以企业基本物流模式（工艺流程）为依据研究企业各组成要素的相对位置关系。这与总平面设计师确定总平面系统布置方案的工作在内容实质上保持了高度一致。而 SLP 的第 Ⅲ 个阶段——详细布置，研究的是车间内部设施设备的布置，不是总平面设计的主要关注点。

（三）总体区划与总平面系统布置方案的优化确定

总体区划工作程序大致上可以区分为三个阶段进行。

物料分析阶段：首先分析影响企业物流的基本因素 P、Q、R、S、T，接下来分析物流和作业关系，并综合这两个因素编制作业单位综合关系。

以上字母的意义分别为：P——产品和物料，包括其变化和特性；Q——每个产品或物料的数量或体积；R——加工流程或搬运路线，即工艺操作过程加工顺序或加工方法；S——支持生产过程的服务部门或辅助部门；T——与上述4项有关的时间因素，以及与设计本身进度有关的时间因素。

场地分析阶段：根据每个生产工序需要的场地面积和实际可利用的场地面积，编制空间关系。

调整寻优阶段：根据各种修改意见和各种实际限制条件，绘制成几个不同的总平面系统布置方案。在此基础上，对各方案进行评价并选定最优布置。

基于以上工作程序，应用SLP总体区划方法确定总平面系统布置方案的基本过程可以描述为：

首先，在研究产品和产量的同时，研究为了完成生产所需要的各种生产作业单位和非生产作业单位，再分析各作业单位间的物流和非物流的相互关系，并将物流和非物流的相互关系图用一张综合相互关系图表示。

其次，可根据相互关系图画出初步的方案布置图，再加上用经验数据或计算所得的各单位面积，就得到一个布置方案。

再次，考虑影响方案的各种因素，对方案做修正调整，同时要注意各种实际限制条件。将各种修改因素和限制条件进行综合并调整后，得出几个符合实际的可供比较选择的方案。最后，对这些方案用经济或综合比较选出最符合实际的方案。

（四）作业单位相互关系分析方法

作业单位系指要在布置设计中确定位置的一些"事物"。在不同的设计层次或不同的情况下，它包括：部门、区域、职能部门、工作中心、建筑、机床、操作等。在确定总平面系统布置方案阶段，作业单位一般指主要车间或主要建构筑物。

企业各作业单位之间存在的主要是与生产作业活动密切相关的物流关系。除此之外，人际、工作事务、行政事务等活动之间的联系同样也被认为是各种作业单位之间的关系，称为非物流关系。

作业单位之间活动的频繁程度可以说明作业单位之间的关系是密切还是疏远。这种对各个单位之间密切程度的分析称为作业单位相互关系分析。当布置的系统以物流为主时，就以物流关系为主来考虑其相互关系；当布置的是商业、服务业等不存在重大物流的系统时，则以非物流关系为依据进行布置设计。事实上，由于现代工业企业的大型化、规模化、集约化，一个企业系统内部往往是各生产作业单位之间存在大量物流关系，而各辅助部门之间则主要反映为非物流关系。进行企业总平面系统布置时，总是需要将物流关系和相互关系结合在一起统一考虑。

五、基于水土保持下的场地平整优化

（一）基于水土保持下的场地平整优化的意义

近几年环境污染已严重危害人们的身心健康。研究表明环境污染很大一方面是由于工业污染，而工业污染包含很多方面，其中工业企业建设过程尤其是场地平整所带来的大填大挖会对原有生态环境中的微生物数量造成破坏，大大降低耕层土壤养分，改变土壤物理环境，有机质数量的减少不利于土壤水土保持，容易发生水土流失现象。合理确定工业企业场地平土标高，对减少土石方量、节省基建投资、保护生态环境等方面显得极为重要。

（二）场地平土标高的确定

1.场地平土标高的概念

平土标高是根据场地的自然地形及场地的建设要求确定的场地平整后的高度，是场地平整的依据，也是竖向设计布置的基础和关键，平土标高的确定对于将构筑物和道路高程的衔接都起着决定性的作用，只有首先确定了场地的平土标高，方能确定场内建、构筑物各控制点的设计标高及各种运输线路衔接点的主要设计标高。平土标高的合理确定对优化土方量、节约企业用地、节省土建投资、加快工程建设进度、保护生态环境等都有很大的影响。

2.场地平土标高确定的影响因素

确保厂区内的雨水能顺畅并能迅速地排出厂外，且使场地不被洪水淹没，不能经常有积水。一般场地设计排水坡度 ≥ 3‰，在确定道路标高时，应使雨水从建、构筑物排向路面，再由路面排向两侧的明沟。在坡度比较大的坡地场地建厂，应特别重视防洪排涝的设计。

满足场内外运输要求。平土标高的确定必须保证与厂区内外道路的合理衔接，满足厂内外铁路接轨点的标高，且厂外道路特征点的标高宜低于厂区出入口设计标高，使得厂区内外道路连接平顺，以利于厂区内外的运输通畅。

场地平土标高应高于地下水。建筑基础、设备基础、管沟的设计标高至少比地下水位高 0.5 米。当场地地下水位较高时不宜进行挖方，避免地下水位上升，增加基建投资，恶化施工条件；当地下水位很低时，对于小区域可以适当地进行挖方，以提高场地承载力强度，减少基础埋深和截面尺寸。

尽量减少建构筑物基础土石方量和基槽土石方工程量，使得填挖土石方量基本平衡，充分利用地形，使得设计坡度尽量接近自然坡度，在地形变化较大的坡地场地建厂，更要注意避免大填大挖。

满足建筑物室内外高差的要求。工业厂房室内外地坪高差宜为 15cm ~ 20cm，民用建筑宜高出 30cm ~ 60cm。室外地坪标高应比建筑物室外散水坡脚标高高出 15cm ~ 30cm，以保证雨水不倒灌。露天堆场的标高应比周边场地高一些，并设有 > 5‰ 的排水坡度。

充分考虑基槽余土工程量和土壤松散系数的影响，合理利用基槽余土量，可减少基础埋设深度，节约基建投资。对于场地的填方地段由于土壤经过挖方后孔隙率大于原土方，及时进行夯实也存在一定的松散系数，因此在填方地段，应充分考虑土壤的松散性。

满足环境景观要求。

3.场地平土标高的选取与水土保持的关系

一般情况下影响场地平土标高的因素，包括设计最高洪水位、地下水位、场内外运输要求、满足工艺要求、与周围场地标高相协调、满足建构筑物室内外高差的要求、减少土石方工程量和基础工程量等，这些影响因素都直接决定场地平土标高的取值。场地平土标高选取合理与否，将直接影响场地平整方式及填挖方量，从而间接影响土壤中微生物的含量，一旦平土标高选取不合理，场地平整出现大填大挖，则会对土壤中微生物含量损害严重，甚至引起局部水土流失，对生态环境造成不同程度的破坏。

生物量是指某一时间单位面积或体积栖息地内所含一个或一个以上生物种，或所含一个生物群落中所有生物种的总个数或总干重（包括生物体内所存食物的重量）。生物量（干重）的单位通常是用 g/㎡ 或 J/㎡ 表示。某一时限任意空间所含生物体的总量一般用重量或能量来表示，用于种群和群落。用鲜重或干重衡量时，规定用 B 表示；用能量衡量时，则用 QB（也称活体能量，biocontent）表示。土壤中微生物一般可分为三类：细菌、放线菌、真菌。这三类微生物在土壤中存量一般遵循 Quadratics Ratio 模型。

从保护生态环境的角度出发，在场地标高选取的过程中除了考虑基本的影响因素外，还应着重考虑两个问题：一是应避免大填大挖所造成的水土流失；二是应尽可能减少对自然地形的扰动，即做到对自然土壤所含的微生物损毁量最小。综合考虑上述因素，合理选取场地平土标高，达到场地平整过程对生态环境产生的影响尽可能小。

4.确定平土标高常用方法

（1）方格网法

此方法是选定场地坐标系统，然后沿坐标系统的基轴，将场地分成适当大小的方格，方格的边长一般在初步设计中用 25、50 米，在施工设计中用 10、20、40 米，方格网确定以后，在每个方格网的角顶注明原地面标高，再根据上述影响因素假定横纵方向的设计坡度，如图 6-8（a）所示，坐标原点 O 的设计标高为 C0，并且过 C0 作水平截面：将体积分为水平截面以上和水平截面以下两部分，如图 6-8（b）所示。

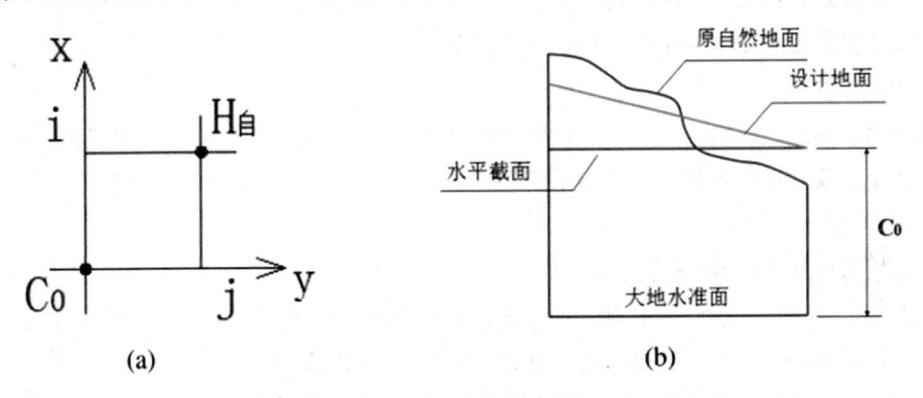

图 6-8 方格网法确定平土标高示意图

方格网法确定平土标高的步骤如下：

在设计场地上，建立坐标系统，坐标轴应垂直或平行于场地上的大多数建、构筑物的轴线。

沿坐标系统的基轴选定基点布置方格网，根据不同的精度要求，确定方格网边长的取值。

假设自然地面与大地基准面之间的土方体积等于设计地面与大地基准面之间的土方体积，即QQ=设自，依据填挖平衡原理，确定场地平土标高。用方格网法计算场地平土标高，只有先假定了设计坡度，才能计算平土标高，但预先假定的坡度不一定能满足土方量最小的要求，仍需通过一定的试算，才能求出接近最小土方量的平土标高。

（2）断面法

断面法采用将场地全部标高提高或降低同一高度的办法确定场地平土标高。

断面法计算平土标高的步骤如下：

确定平土范围。

确定平土控制线，其起点标高 H_0，在平面图上，选择主要建筑物纵轴线、围墙或场地道路中心线为平土控制线，作为施工放线的依据；平土控制线最好在平土范围内的最低点以下；假定的平土控制线可带有坡度。

布置断面线，绘出各条断面线上的横断面。尽量垂直于等高线或主要建构筑物的长轴线；断面间距可相等也可不等，平坦地区一般为40~100米，地形复杂时10~50米。

计算由假定平土线和自然地面线所包围的断面面积和平土范围内的体积，从而确定平土标高。

（3）最小二乘法

最小二乘法是一种场地平土标高优化的数学方法。平面上任意一点 k 的设计标高可以由五个条件来确定。

（三）基于水土保持下的场地平整优化模型的确定

1. 基于水土保持下的场地平整优化思路

通过对场地平整施工对生态环境所带来的相关影响及场地平土标高选取与水土保持的关系这两面进行分析、综合考虑，确定以施工区域微生物损毁量最小为目标函数建立模型，对场地平整填挖高度进行约束，求解此目标函数下的最优场地平整方案，从而达到在场地平整过程中最大程度地保护生态环境，有利于土壤的水土保持。

2. 约束条件

通过对场地平土标高与土壤中微生物含量两者之间关系的分析研究，要做到在场地平整过程中尽可能地保护生态环境，需要对平整场地任意一点 k 的设计高程 H_k 和场地平整坡度 i_x、i_y 及施工高度 C_k 进行约束。

3. 运用遗传算法对模型进行求解

进行场地平整的优化计算必须选择合适的优化算法，这是实现优化设计至关重要的一步。目前，应用较多的算法有梯度投影法、简约梯度法、二次规划法、复合型法等。这些方法都有一定的适用性，比如梯度投影法适用于目标函数为非线性，约束条件为线性的问题，二次规划法适用于目标函数为二次函数，约束条件为线性的优化问题等，这些算法存在的共同缺点是要求函数连续、导数存在、单峰等。由于场地平整优化设计的目标函数复杂，导数求解困难，有时导数根本不存在，这更增加了处理问题的难度。

遗传算法为处理很多工程实际问题都提供了解决途径，并取得良好的实践效果。遗传算法是一种基于自然选择、生物进化过程来求解问题的方法。遗传算法反复修改个体解决方案的种群，在每一步遗传算法随机地从当前种群中选择若干个体作为父辈，借用生物遗传学的观点，通过自然选择、交叉、变异机制模拟生物遗传过程，使用它们产生下一代的子群。在连续若干代之后，种群朝着优化解的方向进化。我们可以用遗传算法来求解各种不适宜于用标准优化算法求解的优化问题，包括目标函数不连续、不可微、随机或高度非线性的问题。

第三节　竖向设计的优化方法

一、竖向设计与工业企业厂内道路

（一）工业企业厂的竖向设计

工业企业厂的竖向设计是根据厂区的自然地形地物、工程水文地质、工艺流程要求、厂内外运输、工程管网布置、施工方式等条件，选择合适的竖向布置系统，合理地确定场地、各种建、构筑物的设施、道路、铁路和有关挡土墙、台阶的设计标高。竖向设计是否合理，直接影响到整个场地使用性能的发挥及整个工程项目的经济、社会效益。

（二）工业企业厂内道路

厂内道路是布置于规划通道内的主体设施，厂内道路一般分为主干道、次干道、支道、车间引道和人行道。工业区和企业的交通运输、内外联络及车辆、行人的通行都需要通过道路网。根据工业企业厂区地形特点、厂区总体规划布局、生产工艺特点、运输量大小及建构筑物间的相互关系等因素，将厂内道路布置成环形和非环形。环形道路即围绕厂区内建构筑物设置的闭合道路网络，能够保证物流人流的运输方便、安全、高效及满足消防要求。非环形道路是指厂内道路不兜环、各有分散终点的分散式布置，一般在道路尽头设置回车场，以方便运输车辆掉头。

影响工业企业厂内道路通行能力的因素主要包括道路宽度、交通条件（不同车辆行驶的方便程度）、交叉口、车间引道车流量、称重作业（主要指道路旁边的称重作业）、行人和非机动车（工业企业内部道路大多采用机非混行）等。

二、工业企业厂内道路的竖向设计

（一）厂内道路与竖向设计的关系

工业企业整个厂区的竖向设计，基本上是由道路的竖向设计来控制的。而厂区及道路等竖向设计是依据建、构筑物进行竖向设计，即将建、构筑物的设计高程作为一个主要控制点来确定道路中心的设计标高。而建、筑物的室外地坪标高的确定，则以与建、构筑物四周相邻的道路设计标高为基础，增加适当的高差来实现。在进行厂区道路规划和设计时，要因地制宜，合理利用厂地的地形高差，并且配合厂区的竖向设计，形成合理的道路联结体系，来改善厂区的运输条件。例如，当厂区采用阶梯式布置时，厂区道路布置应使各车间之间联系方便；当设置的干道和车间高差很大时，可采取延长支路的办法解决。

（二）工业企业厂内道路竖向设计的注意点

道路竖向设计的目的是确定合理的道路纵坡，基本思路是首先确定各个变坡点及道路交叉口的设计高程，进行各道路的试坡，然后进行局部调整，从而达到各段道路及整体优化。工业企业厂内道路竖向设计应注意以下两点：

道路横坡设置为单坡或双坡，便于收集厂区的雨水，汇集到雨水口或者排水沟中。

为满足场地内运输车辆的爬坡要求，厂内道路主干道、次干道、支道/车间引道的最大纵坡分别为6%、8%、9%。值得注意的是，在地形非常困难的情况下，次干道的最大纵坡可增加1%，主干道、支道/车间引道的最大纵坡可增加2%。

三、基于竖向设计的工业企业厂内道路运输优化

（一）严格遵循厂内道路网的布置原则

工业企业厂内道路系统的布置首先要能满足货流、人流的顺捷、安全、便利，同时应展示出企业的风貌，为地上、地下管线和其他设施提供空间，满足日照通风、防震、消防救灾避难等各种间距要求。厂内道路网布置时，应综合考虑以下原则：

符合相应的规范和国家有关的法规，统筹规划，协调发展；

结合实际，节约土地，适度超前，做好厂区通道的规划；

远近期结合，分层规划，保护环境，促进可持续发展；

利用自然条件，因地制宜，避开不良地段，并保证路面排水顺畅等。

（二）合理选择厂内道路系统布置形式

根据工业企业的总体规划，建、构筑物之间的关系，生产工艺、物流特点、交通运输量的大小，以及厂区的地形、地质等条件，场内的道路系统布置形式主要有以下三种形式：

1. 环状式

道路主要平行于主要建、构筑物，围绕各车间进行布置。这种道路布置形式受地形条件限制，一般不能在山区丘陵地区的工厂采用，且道路的总长度及占地较多，对于交通繁忙、厂内的车流、人流组织需分离采用。

2. 尽端式

这种道路的布置形式能适应场地的地形条件，道路的坡度和走向处理都比较灵活，道路占地面积较小，适用于物料运量较小、竖向高差较大、车间较分散的企业。但其缺点是运输不通畅，横向运输联系不方便；货流、人流组织容易混杂，造成交通堵塞，因此在道路尽头处必须设置回车场。

3. 混合式

混合式指厂区内部同时采用上述两种布置形式。在满足生产运输的要求条件下，既能兼顾货流、人流的通畅，又能较好地适应厂区地形、地质条件。其布置形式比较灵活，可适用于各种类型的工厂企业。

(三)充分考虑厂内道路设计时的要点

道路是整个厂区内外交通的枢纽,是整个厂区的骨骼。在进行厂内道路设计时应考虑如下几点:

1. 满足厂内道路的综合效用

厂内道路如何设置、道路的等级、路面的宽度及路面结构的确定,主要是以生产工艺为基本前提,运输量多少为依据。此外,道路作为功能分区划分的标志,设计时还需考虑道路联系各车间的纽带、排雨水及绿化美化厂区的功能。例如道路具有排雨水作用,道路竖向标高的确定、道路走向和道路网格局、道路与道路(铁路)的交叉口等都要满足竖向设计的要求,并且与排水系统相互协调。

2. 厂内道路短、直且一般为正交

厂内道路网在规划和设计时,应力求汽车运输的径路短捷、顺直,不但可降低生产成本,还能保证行车安全,延长设施的使用寿命。另一方面,道路的正交使厂区形成方格网式的道路,不仅为合理确定企业各功能分区之间的相互联系提供方便,而且有利于采用或布置具有先进水平且简洁明快的总图布置系统。

3. 具有特殊要求而专门设置的道路

在企业生产过程中,人员、设备的突然事故一般在所难免,因此,对于突发事故的救急,离不开道路和道路的运输,特别是消防车的通行,这就要求道路系统设置纵横相连的道路或者环形道路,以能够提供顺畅而短捷的消防和防火径路。

4. 道路网要与企业的总平面图布置相一致

对于工业企业而言,厂内道路及道路网是构成企业总体的一个有机部分。因此,要合理确定道路的等级、类别、形式、路面形式、宽度及路面结构等,且与竖向设计相协调,要与企业的总平面图布置相一致,使道路系统满足其相应的功能要求。

四、某钼铋钨多金属矿选矿厂的竖向设计

厂区的竖向设计与总平面布置密切相关,应同步进行,并且应与厂区运输线、排水系统、周围地形高程、地上管网、地下管网等相协调。在地形较平坦的地区,采用平坡式布置,便于场地总平面、道路布置,减少土石方工程量。在山区或者地形起伏变化较大地区建厂,地形地貌各有特点,场地面积、自然地形坡度、外部交通条件各有不同,采用平坡式场地土石方大,场地周边容易形成高边坡,工程量比较大且高边坡存在一定安全隐患,因此场地布置多采用台阶式。

(一)布置原则

本项目竖向设计主要考虑因素有:

满足生产、运输的要求。

周边没有合适的排土场,在竖向设计中,根据地形特点,减少土石方工程量,尽量实现土石方平衡。

充分利用和合理改造地形,设计标高不仅要满足工艺流程需要,而且要与自然地形相

适应。

破碎、筛分设备荷载大，应尽量放置在挖方场地上。

厂区西南侧为东河，应使厂区不受洪水威胁。

（二）竖向设计内容

确定建构筑物室内地坪标高及场地的标高。建筑物的室内地坪标高应高于室外场地地面标高，且不应小于0.15m。

设计场地雨水排放系统。场地雨水排除方式基于环境卫生要求、建筑密度、地质和气候条件等因素，合理选择不同的排雨水方式。

设计场地平整方式，计算土石方工程量。根据绿色矿山设计要求，场地平整时，应将表层土挖出，集中堆放，用于矿山绿化或复垦。

（三）布置形式

竖向布置的形式，通常可分为平坡式、阶梯式和混合式三种形式。平坡式：把场地平整成接近自然地形的一个或几个坡向的整平面，其间连接无显著高度变化，工业场地可布置在一个水平上面，这种布置方式土方量小，但占地面积较大。阶梯式：把场地设计成多个台阶，台阶通过放坡或挡土墙形式连接，利用这种方式，矿石可以利用高差进行重力输送，减少用地面积，节约能源。当所处地形起伏变化大时，结合工艺要求，采用平坡和阶梯式相结合的方式，有利于减少工程量。

在选矿厂的布置中，需要充分利用地形高差进行重力输送，常根据生产流程把场地划分为由高到低的阶梯形式。

根据工艺流程，结合地形特点，本工程的竖向布置采用阶梯式与平坡式相结合的方式。根据不同的用地特点，以阶梯式布置为主，平坡式为辅。挖方边坡 1:0.5～1:1.5，填方边坡 1:1.5，边坡用草皮、浆砌块石等方式护坡，防止雨水冲刷。因为本项目选矿流程复杂，占地面积大，排洪明渠东侧需要预留铜锡矿选矿厂，在竖向布置中，台阶之间尽量使用挡土墙连接，以增加适当投资的方式换取一定的厂区可用面积。

（四）挡土墙

挡土墙的类型比较多，根据墙体的刚度可分为刚性挡土墙和柔性挡土墙两大类。刚性挡土墙在土压力作用下墙体基本不变形或变形很小，适用于对挡土墙变形要求严格的地段；柔性挡土墙在土压力作用下墙体本身会产生一定的变形，适用于对挡土墙变形要求不太严格的地段。工程中常用的重力式、衡重式、悬臂式都属于刚性挡土墙。

本项目中采用的多为重力式挡土墙，重力式挡土墙依靠自身重量平衡土压力，结构简单、施工方便，工程中应用较为广泛。重力式挡土墙分为仰斜式、直立式、俯斜式，按主动土压力大小，仰斜墙的主动土压力最小，而俯斜压墙主动土压力最大，直立墙介于前两者之间。从挖填方的角度来看，当边坡挖方时，仰斜式挡土墙背能与开挖的边坡紧密地结合，而俯斜压墙背则需回填土，挖掉的部分还需要进行回填；当边坡填土时，仰斜墙的特点是墙背填方夯实困难，而在填方时直立墙与俯斜墙夯实较容易。

随着国家对环保、绿色矿山建设的要求，在矿山建设、生态环境治理中，柔性生态挡土墙使用越来越多。常用的刚性挡土墙颜色灰暗，景观单调，而柔性生态挡土墙以其生态恢复，与周围自然景观较为协调等特点，在对挡土墙变形要求不大的位置得到越来越多的应用。在汨罗市长乐福田花岗岩矿项目中，露天矿山道路路堤挡土墙、排土场下游挡土墙设计使用绿色加筋格宾挡土墙，在面墙内播撒草籽，形成坡面绿化，可达到与周边自然环境相协调、融合的目的，符合绿色矿山建设要求。某绿色加筋格宾挡土墙如图6-9。

图6-9 某项目加筋格宾挡土墙

（五）排水方式

雨水排放的基本方式有自然排水、明沟排水和暗管排水。暗管排水方式适用于场地美化或项目对环境清洁度要求较高的场地，通过设置集水设施、雨水篦井、下水管道等方式排出雨水；明沟排水方式适用于采用重点平土方式的地段；厂区边缘地带或面积极小、易于排水的区域，可采用自然排水方式。由于明沟在使用、卫生、美观方面存在不少缺点，某些采用明沟排水的企业逐渐增加了盖板、铺砌等。采用暗管排水时，应根据汇水面积及场地情况设置雨水口的形式、数量和布置，雨水口的间距宜为25～50m。

采用明沟排水时，明沟断面宜采用梯形或矩形断面，起点不宜小于0.2m，纵坡不宜小于3‰，困难地段不宜小于2‰。

本项目设计要求之一是场地环境整洁美观，因此在选矿厂主厂房周围采用暗管排水，场地内地表水采用雨水口的形式，通过暗管排放至场地东侧设计的排洪明渠中；选矿厂中细碎、筛分、药剂间等采用的是重点平土方式，且对厂区环境影响较小，采用明沟排水方式，雨水排放汇入主厂房周边暗管，排至场地东侧排洪明渠；选矿工业场地北侧及西侧修截水沟，将山坡上的雨水拦截出场外，排至选矿厂东侧排洪明渠。

（六）土石方计算

  选矿厂的竖向布置应与总平面布置是同时考虑的，本项目在总平面布置中已考虑场地标高的设计，但是总平面布置时考虑的场地标高不一定能完全满足竖向设计的要求，仍需要在竖向设计中进行优化。选矿厂皮带运输有一定的灵活性，矿浆自流有一定的坡度允许范围，如果土石方计算、竖向布置不尽合理，可以通过调整皮带运输的角度、矿浆管的坡度，在满足工艺流程的前提下调整场地标高，实现场地竖向设计的要求。在确定场地最初设计标高后，就可以进行土石方计算分析，根据土石方分析、调整、优化，确定场地最终设计标高。

  一般来说，场地土石方平衡有助于节约场地平整费用，但是在某些情况下，挖填平衡会造成设备、建筑物基础的埋置深度，而且填方地段需要分层碾压、夯实，反而费时、费力。比如破碎厂房、磨矿厂房，设备基础大，对地基承载力要求高，设计中一般将其放置在挖方地段，因此对于单独的破碎、磨矿场地来说，场地挖方量会明显高于填方量，对于整个厂区来说，可以适当提高浮选厂房、压滤厂房、材料库、机修间等场地标高，来达到场地土石方量的要求。对于周边没有合适排土场的厂区，土石方平衡则尤为重要。

  使用二维软件进行场地土石方计算，方格网法、断面法广为使用。断面法适用于场地地形变化较大的区域，横断面的间距根据地形和布置确定，地形复杂阶段 10~30m，地形平坦地区采用 40~100m；方格网法适用于地形平缓或者台阶宽度大的场地，根据设计阶段采用不同间距的方格网，在应用二维软件计算时多采用 20×20m 方格网。选矿厂比较常见的是建设在山区，山区地形起伏较大，因此断面法使用得比较多。

  随着三维软件的发展，三维软件以可视化的设计、数据及计算结果动态更新，可以更快、更准确地进行场地土石方计算分析，在总图设计中得到了广泛的应用。在二维总图设计时，修改一个场地的标高，就需要重新进行土石方计算，计算过程烦琐、效率不高。在土石方计算中应用三维软件，以前需要花费几天时间才能完成的工作，现在只需要几小时即可完成，极大地提高了设计效率；在使用方格网法或断面法进行土石方量计算时，计算精度跟方格网的大小、断面的间距相关，三维软件进行计算分析时，利用计算机得出每一个立体块的体积，相加得出挖填方工程量，相比而言计算精度更高。在本项目的土石方计算中，采用三维软件进行分析计算。

  首先根据 1：500 地形图，通过添加点、等高线、文本等方式，建立原始地形三维模型。本项目原始地形三维模型见图 6-10。利用曲面分析功能，对拟建工业场地场址进行高程分析。对需要进行分析的区域添加边界，根据设置的高程范围，对曲面进行不同颜色的渲染，通过曲面的添加图例功能，添加曲面高程图例。另外对拟建场址的流域（汇水面积）、坡度（地形坡度）等进行分析，能直观地得到场地的各种数据，以供设计者进行演示、分析、决策等。

图 6-10　选矿工业场地原始地形三维模型

其次，建立设计场地三维模型。在建立场地三维模型时，可以根据工艺流程特点，将场地划分为不同的区域。在本项目中，将药剂间、高位水池等建立单独的三维曲面，将中细碎车间、筛分车间划分为一个区域，粉矿仓、磨浮车间划分为一个区域，浓密、精矿车间划分为一个区域。计算出药剂间、高位水池、中细碎车间和筛分车间的土石方量，根据计算的土石方量，在满足工艺流程的前提下，调整粉矿仓、磨浮车间、浓密和精矿车间的标高，在这个过程中，需要不断调整各场地标高优化计算。在选择放坡命令时，将"填方坡度"设置为10000，或者将"相对高程"设置为0.0001，可设置垂直放坡或水平放坡。在完成一段的放坡后，通过"复制创建放坡"命令实现其余的放坡段。放坡完成后，使用放坡工具中的"创建充填"命令，形成完整的放坡。

在药剂间场地标高确定过程中，药剂间所在位置地形坡度35°～45°，场地西北侧形成高度12m左右的挖方边坡，场地东南侧形成高度5～8m的挡土墙。根据药剂的工艺系统，分为两个台阶布置，在进行场地标高确定及土石方计算时，在三维软件中，确定了场地的边界，形成场地模型后，选择场地边界，在软件中进行标高升高或降低，可直接显示计算结果，经过综合考虑后，确定药剂间的标高为517.00m、523.00m。药剂间场地设计三维模型见图6-11。选矿工业场地设计三维模型见图6-12、图6-13。最后，得到合适的土石方计算结果，见表6-3，场地余土运至矿山现有排土场堆放。

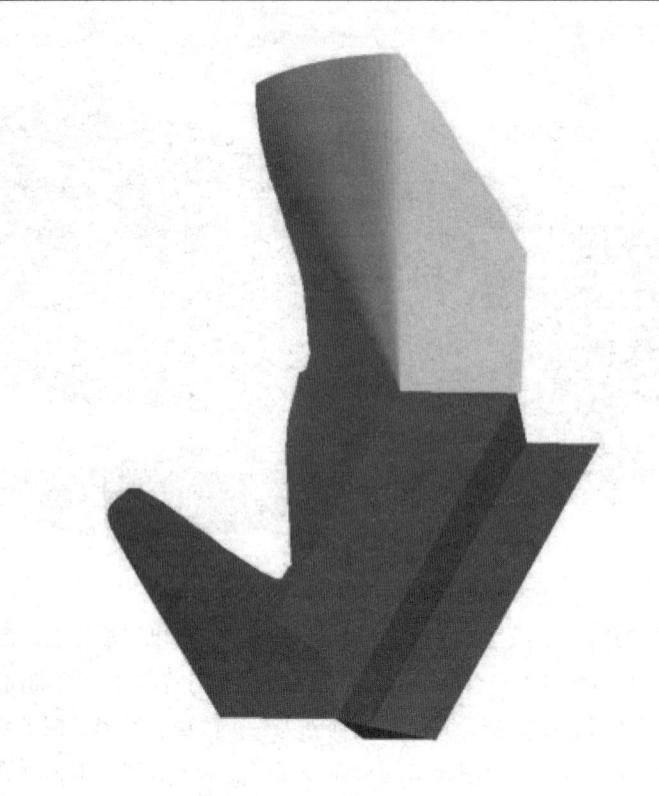

图 6-11 药剂间场地设计三维模型

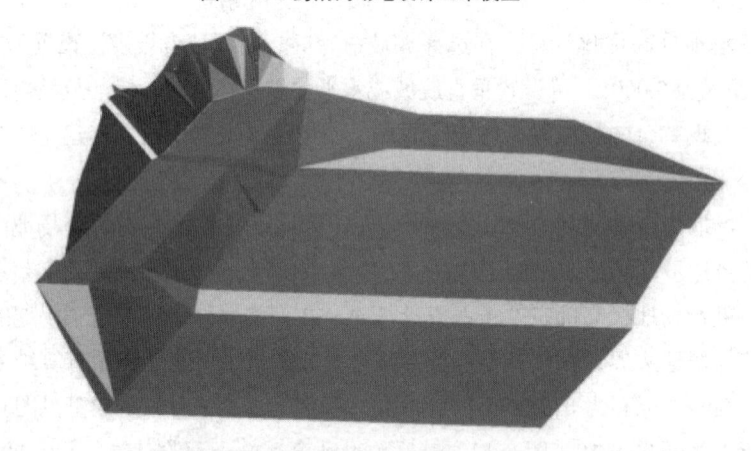

图 6-12 选矿工业场地设计三维模型 1

图 6-13 选矿工业场地设计三维模型 2

表 6-3 土方计算结果

对照曲面	体积挖方（立方米）	填方（立方米）	净值（立方）
药剂边坡	78000.73	0.00	7800.73
药剂制备	9317.46	3648.10	5669.36
中细碎边坡	6272.73	16.17	6256.55
主厂房	77499.70	68584.40	8915.30

三维软件的一个最大的优点就是当需要调整场地标高时，自动更新场地边坡，实时显示计算结果。当需要调整场地范围、场地标高的时候，直接拖动夹点改变场地范围，直接更改要素线标高，更新设计曲面，即可得到更改后的数据，给场地设计带来了极大的便利。

第四节 场地管线布置设计的优化方法

一、管线综合布置的一般程序

管线综合布置对总图专业来说，是相当复杂的一部分，在综合布置的过程中，总图专业人员和各单体管线专业之间资料往返、相互协商、综合协调的工作量都很大。具体管线综合布置程序如下：

总图专业首先将建筑总平面图分别提供给各个有关的单体管线专业，总平面布置图可以是初步设计图，最好是变动比较小的施工设计图纸。

各个单体管线专业接到总图专业提供的总平面布置图后，结合建筑总平面布置图具体布置特点，将单体管线及其相关的附属设施等布置在该图上，并将单体管线布置图返回给总图专业。

总图专业将各个单体管线专业提供的单体管线布置图布置在一张总平面图上，根据管线综合布置的原则和具体技术要求，对其进行管线综合布置得到初步综合平面布置图，并返回各个单体专业。

各个单体管线专业根据各项技术规程对所负责单体管线进行审查，看是否满足其技术要求。如果不能满足要求，及时向总图专业提供问题和理由进行协商。这个阶段管线综合工作，需要总图人员多次征求意见，反复研究，召集各个专业人员进行协调平衡，最终确定各个专业都同意的管线综合平面布置方案。

总图专业将管线综合平面布置方案提供给单体管线专业，由单体管线专业完成其专业管线的竖向布置，并委托土建专业进行管沟、支架等相关附属设施设计，完成后提供给总图专业进行竖向综合、核对、修改。

在布置过程中，管线综合交叉点竖向布置还是由总图专业完成的。一般以重力自流管线竖向布置为基础，按照各种避让原则进行其他管线竖向布置调整，遇到问题，及时和相关单体管线专业协商，最终完成各个单体专业都认可的管线综合竖向布置图。

二、管线综合平面布置

管线综合平面布置所要进行的工作就是将各个单体管线专业提供的单体管线布置平面图整合到建筑总平面布置图上，依据各项技术规程要求，完成管线的走向、排列、平面定位，以及管线附属设施、管线交叉点等平面定位的工作，并检查核对管线与管线之间、管线与建构筑物之间的关系是否满足技术要求。

管线综合平面布置应该依据管线综合布置的原则进行，采用统一的坐标系统定位，管线应布置在场地通廊内，不能影响其他设施的功能使用。管线地下布置时，尽可能地布置在人行道、非机动车道和绿化带下面，不得已时才考虑将检修次数较少和埋深较深的管道布置到机动车道下面。各种地下管线从建筑红线或道路红线向道路中心线方向平行布置的次序，应根据管线的性质和埋深确定，分支线少、埋深深、检修周期短和可燃、易燃、易爆及损坏时对建筑物基础安全有影响的管线应该远离建筑物布置。自建筑红线向道路中心线管线布置次序宜为：电信电缆、电力电缆、燃气配气、给水配水、热力管线、燃气管线、给水管线、雨水管线和污水管线。

管线综合平面布置图是在建筑总平面布置图的基础上，用各种管线的符号，将其走向、排列、间距及管线转点、支座、交叉点等的坐标标注出来。在管线布置比较复杂或者比较有代表性的地段，为了明确表示管线布置的意图，必要时应绘制有关地段断面图说明。

三、管线综合竖向布置优化

管线综合竖向布置包括地上管线和地下管线，地上敷设管线在此不做研究，故本文后面出现管线综合竖向布置均指地下管线综合竖向布置。管线综合竖向布置主要分为一般路段管线综合竖向布置、过路横管管线综合竖向布置和道路交叉口管线综合竖向布置。

（一）管线综合竖向布置的原则

尽量缩小地下管线的埋深；
采取必要的工程措施防止地下管线的机械损伤；
满足地下管线的技术要求；
尽量采用综合管沟等技术先进的敷设方式。

（二）管线综合竖向布置的要求

各单体管线均应满足规范要求的最小覆土深度要求。见表6-4。

表6-4 管线最小覆土深度

管线名称		1 电力管线		2 电信管线		3 热力管线		4 燃气管线	5 给水管线	6 雨水管线	7 污水管线
序号		直埋	管沟	直埋	管沟	直埋	管沟				
最小覆土深度（m）	人行道下	0.50	0.40	0.70	0.40	0.50	0.20	0.60	0.60	0.60	0.60
	车行道下	0.70	0.50	0.80	0.70	0.70	0.20	0.80	0.70	0.70	0.70

10kv以上直埋电力电缆管线覆土深度不应小于1.0 m。

根据各管线的性质、管径和覆土要求，管线竖向布置次序由上而下一般为：电力管（沟）、电信管（沟）、燃气管、给水管、热力管、雨水管、污水管等。场地管线地下交叉时，自地表向下排列顺序为：热力、电信、燃气、给水、排水等。具体要求是：

给水管道座在排水管道上面；
可燃气体管道座在其他管道上面，热力管道除外；

电力电缆应在热力管道下面，其他管道上面；

燃气管道座在可燃气体管道下面，其他管道上面；

腐蚀性的介质管道及碱性酸性排水管道应在其他管线下面；

热力管道应在可燃气体管道及给水管道上面。

综合布置地下管线产生矛盾时，应按下列原则处理：

压力管让自流管；

管径小的让管径大的；

易弯曲的让不易弯曲的；

临时性的让永久性的；

工程量小的让工程量大的；

新建的让现有的；

检修次数少的方便的让检修次数多的不方便的。

上述这些原则和要求并不是绝对不变的，还需要根据工程实际情况，采取相应措施，灵活运用。

（三）单体管线和管线综合交叉口的竖向布置

单体管线的竖向布置主要由相关专业承担，其中，对整个竖向布置系统影响比较大的就是重力自流管线，重力自流管线一般指雨水管线、污水管线及废水管线等。这些管线的竖向布置要求比较多，计算比较复杂，变更比较困难而且对高程影响很大。

管线综合竖向布置最重要的就是管线交叉时的竖向布置，由于管线一般都是沿着道路布置，管线交叉大多也在道路交叉口位置。这个位置往往汇集了十几种管线，其交叉情况比较复杂，工作量也很大，通常也成为管线综合交叉口节点竖向布置。管线交叉口竖向布置时，一般首先确定重力自流管线的竖向位置，然后以此为基础，依据一定的原则进行其他管线的竖向布置。

（四）管线综合交叉口竖向布置的表示方法

管线综合竖向布置图最重要的就是交叉点的竖向图，其表示方法也是比较多的，常用的有以下几种：

1. 垂距简表法

将地面标高、管线截面大小、管底标高及管线交叉点垂直净距等填入表格中，根据管线综合竖向布置技术要求，检查各个交叉点是否满足要求，不满足要求则给予调整并标注在表中。

2. 直接标注法

将管线的尺寸、地面高程等直接标注在管线综合图上，并将交叉管线的管底标高用线分出，然后根据相关技术要求进行检查调整。这种方法适用于管线交叉点比较多的交叉口，其优点在于能够清楚地看到交叉口全面情况，绘制和使用图纸也比较方便。

四、管线综合交叉口节点竖向布置的优化

（一）管线综合交叉口竖向布置优化思路

确定地下管线覆土深度一般考虑下列因素：

保证工程管线在荷载作用下不损坏，正常运行；

在严寒、寒冷地区，保证管道内介质不冻结；

满足竖向规划要求，满足与其他管线的最小垂直净距；

路段单体管线埋深必须满足规范最小覆土深度要求，同时还要考虑地区冻土深度和其他因素影响。

（二）管线综合交叉口竖向布置技术流程

要根据已有管线信息，利用计算机模拟人工设计过程，实现管线综合节点竖向优化布置，需要把管线的图形信息、管线的各种属性信息及管线的各种避让规则等综合到一起，通过分析计算求出管线的上、下管底高程。要把这些信息综合在一起，实现管线竖向布置的智能化，需建立一个包含以上信息的管线数据平台。建立管线节点竖向布置数据平台主要有以下几个过程。

管线的规格、管线的最小覆土深度、最小垂直净距等竖向布置信息录入到数据库。

管线图形信息和属性信息入库。

管线节点上下底高程计算。

五、火力发电厂管线布置优化案例

随着电力建设采用大容量、高参数、环保节能的先进技术，电厂的装机规模不断扩大，生产工艺系统日趋庞大复杂，厂区管线更加繁杂，这给总平面管线设计带来了诸多不便，如何对厂区管线进行最合理的路径选择？如何确定管线走廊宽度和管线的敷设？这对减少厂区的用地，保证建筑物布局紧凑，降低工程造价具有重大的意义。

（一）厂区管线布置一般原则

厂区管线布置是连接厂区各车间工艺管道在平面和空间上的布局，在满足工艺要求的前提下，要尽量压缩走廊宽度和线路长度，减少管线之间及与建、构筑物之间的碰撞，方便现场施工和运行管理，在实际电厂管线布置中要考虑以下几点：

厂区管线布置要结合电厂规划容量、总平面布置、竖向布置及管线性质、施工维修等基本要求，统筹规划，使管线之间、管线与建、构筑物之间在平面和竖向上相互协调，交叉合理，安全可靠。

管线规划时要综合考虑各种管线的特性、用途、敷设条件、相互连接及彼此之间可能产生的不利影响，选择最佳的敷设方式和路径，使管线短捷。

当发电厂分期建设时，厂区内的主要管架、管线和管沟的布置要统筹规划，集中布置，并留有足够的管线走廊，便于将来扩建。

厂区管线布置力求顺直短捷，并尽量沿规划管线走廊平行路网，靠接口较多一侧布置，减少交叉、埋深及长度。

管、沟之间，管、沟与铁路、道路之间应减少交叉，交叉时宜垂直相交，困难时交叉角不

宜小于45°，并应满足建筑限界的要求。

（二）管线类型

电厂管线有主系统设施区域内的管线和厂区联络管线，厂区管线主要包括各系统间动力供应、远程控制、生产附属设施间的联络管线及公用的生产、生活、消防等必要的配套管线。一般新建电厂管线包括：循环水供排水管线、热网循环水供回水管线、除盐水管、机组排水管、氢气管、液氨管、消防给水管、生活给水管、补给水管、循环水排污水回用管、化学水管道、生产排水管、生活污水管、雨水管、压缩空气管、工业废水管道、暖通供水管、暖通回水管、启动蒸汽管、供热蒸汽管、干灰输送管、电力输出导线、动力电缆、控制电缆、照明电缆等。

（三）厂区管线布置优化

1. 厂区管线敷设方式选择

根据自然条件、地质条件、管内介质特性、工艺流程及施工和维修等因素，管线敷设方式可分为直埋、沟道、地面、架空四种。在厂区中，对易燃、易爆及易冻等管线，从安全运行方面考虑，采用直埋敷设，如：循环水供排水管线、化学除盐水管、机组排水管、氢气管、照明电缆、工业废水管、暖通供回水管等；对除灰管、蒸汽管等侧重方便运行维护，采用地上敷设，如：除灰管、石灰浆液管、石膏浆液管、启动蒸汽管、压缩空气管、电力输出导线等。对含酸碱废水等易腐蚀、需经常维护的管道，宜采用沟道敷设，如：动力及控制电缆、加药管、酸碱管等；另外，厂区管线要充分利用建筑物之间间距，沿道路两侧进行规划布置。

2. 管线敷设优化

管线路径的选择是一个综合的系统工程，首先要按照生产工艺系统和总图规划布局的要求，将相近的联络管线较多的设施集中布置，尽量实现管线共架或共管廊综合敷设，达到有效缩短管线长度的目的，其次以主厂房为中心，合理安排各分区，使全厂布置的管线数量少、路径最短。

主厂房是整个电厂的生产中心，各种管线、沟道布置较为密集，因此，主厂房A排前、固定端及炉后区域，便成为了厂区沟道和管线布置优化的重点。

（1）汽机房A排外侧管线及沟道布置优化

主厂房A排外管廊：主要是指A排至配电装置区之间的走廊宽度，A排前除了布置变压器、围栏和7.0m宽的主厂房环道外，其余场地均敷设管线，该区域敷设的管线主要有：循环水供排水管、生产排水管、生活排水管、雨水管、工业给水管、消防水管、汽机事故排油管、变压器事故排油管、电缆沟、供热及蒸汽的综合管架、出线构架等。

该区域内因循环水供排水管用地多、造价高、输送介质能耗大，应最大限度地缩短长度、确保管线顺直，路径最短，以典型的2台机组、固定端布塔为例：循环水管线可采取由A排引出后，平行A排布置并在A排和变压器之间通行，2号机循环水管线与1号机循环水管线采用同一通道。2号机组循环水管在1、2号机组变压器之间绕行至变压器外侧，在变压器和道路之间穿过至冷却塔，这样可以减小A排与变压器的距离，同时又充分利用变压器至配电装置区之间的空间，要特别注意避免循环水管线垂直A排而穿过变压器区引起工程量的增加；另外，根据沟管线性质及埋深的不同，合理布置和确定标高是控制A排走廊宽度的最有效措施之一，也是为运行维护创造条件。受A排前场地狭小的限制，电缆沟布置时，沟边距变压器基础的距离在满足施工和运行检修要求前提下，尽量减少布置宽度。

在A排前和厂内道路之间，布置变压器事故排油管道、工业给水管和消防水管，这些管线由于埋深较浅，可充分利用了A排前较浅的地下空间，而给水管线和排水管线要集中布置在道路的两侧，这样既可避免由于埋深的不同增大事故检修开挖难度，又可降低污水管线泄漏造成的污染，这样的布置形式，利用了空间，缩短了路径，避免大量管线穿越道路。

（2）汽机房固定端管线及沟道布置优化

主厂房固定端是厂区管线布置的另一个密集区，该区域敷设的主要管线有：综合管架、采暖供水管及回水管、生产排水管、生活排水管、生活给水管、工业给水管、雨水管、消防水管、化学水管道、电缆沟等。

管线及沟道布置的优化主要将无压管线集中布置在道路一侧，包括雨水管、生活排水管、生产排水管；将有压的给水管和消防水管布置在道路的另一侧。这样分开布置的方式，可以减少排水管线检修对邻近给水管线造成的影响。管线布置时，间距按规程要求从紧控制，给水管与污水管要分层敷设，减少管线平面间距，另外，管线与建构筑物的间距，要在满足规程要求的基础上，尽可能较小线路走廊宽度。

多数电厂在固定端布置综合管架，集中敷设管线，管架上布置各种有压的管线，如：除灰管、压缩空气管、蒸汽管、氢气管、氨气管、暖通管和电缆等，同时，将其他有压管敷设在综合管架下，合理利用空间，有效地节省厂区管线占地，另外，综合管架还可采用共架多层敷设，既经济美观，又便于维护管理，实现节省投资、节约用地的目标。

（3）锅炉后侧管线及沟道布置优化

在总布置中，主厂房A排至烟囱的轴线距离缩短是实现主设备区总布置优化的重要措施，通常锅炉最后一排边柱至电除尘器外侧支架柱之间的距离在7.5m～11.0m，这个区域管线主要有：生产排水管、生活排水管、生活给水管、工业给水管、雨水管、消防水管、电缆沟等。主要管线布置分两种：一是灰渣管布置在引风机室与电除尘器之间，架空通行，其他如：给水管线及消防水管线可布置在道路的一侧直埋，而雨水、工业废水管和生活污水管布置在道路另一侧；二是灰渣管布置在锅炉房与除尘器之间，设一条综合管架跨越消防道路（管架高度满足消防要求），将有压管线架空布置。其他如消防水、雨水、工业废水管和生活污水管敷设在道路两侧。

（四）管线布置优化后效果

布置合理，路径短捷。通过对A排前、固定端和炉后的管线沟道布置优化，厂区内管线及沟道的平面占地节省、地下空间利用率提高。主厂房固定端，利用综合管架，适度集中布置压力管线，既美观，又便于维护。

适度集中，便于检修，美化厂区厂貌。在整个厂区管线及沟道的布置过程中，充分地贯彻了厂区沟道和管线布置适度集中的思想，将各种管线及沟道，集中布置在厂区主要道路两侧。

充分考虑管线维修，避免污染及相互影响。在管线及沟道优化过程中，结合实际工程经验，将排水管和给水管分别布置于道路两侧，降低了因排水管维修而污染生产或生活给水的可能性。

参考文献

[1] 梁涛. 浅谈工业总图运输设计与节约用地 [J]. 建筑与装饰, 2018（2）：13, 15.

[2] 姜振乾. 浅谈工业总图运输设计与节约用地 [J]. 城市建设理论研究（电子版），2017（36）：67.

[3] 杨菁. 总图运输设计在煤炭工业企业改扩建矿井中的运用 [J]. 山东工业技术, 2017（17）：52.

[4] 中华人民共和国住房和城乡建设部. 建筑工程设计文件编制深度规定（2016版）. 北京：中国计划出版社.

[5] 谭小兰，曹丹丹. 总图在建筑设计中的重要性 [J]. 江西建材, 2015,（22）：44, 48.

[6] 吴文凯. 总图设计的理论研究及其重要性简述 [J]. 城市建筑, 2017,（8）：369.

[7] 郭钦生. 浅析总图设计的理论研究及其重要性 [J]. 中国新技术新产品, 2015,（1）：82.

[8] 李可. 浅析总图设计的理论研究及其重要性 [J]. 工程技术（文摘版）. 建筑, 2016（7）：287.

[9] 高晓龙. 石油化工厂技术改造中的总图运输设计 [J]. 石化技术, 2018（5）：133.

[10] 李少雄，化工厂技术改造中的总图运输设计探析 [J]. 化工设计通讯, 2017（11）：195—196.

[11] 周阳. 延安石油化工厂20万吨/年聚丙烯装置排放系统工艺改造分析 [J]. 化工管理, 2015（24）：181.

[12] 宋伟. 浅析石油化工总图运输设计的节约用地措施 [J]. 中国新技术新产品, 2015（24）：181.

[13] 张道南. 总图运输设计与节约用地探讨 [J]. 智能城市, 2018（14）：30—31.

[14] 胡慧芬. 基于海绵城市概念设计的高校绿色校园建设——以杨汛桥校区建设工程为例 [J]. 科技通报, 2020（8）：62—64, 110.

[15] 丁勇. 基于生态环境保护的工业企业如何优化总图运输设计 [J]. 科技创新导报, 2018（33）：49, 51.

[16] 张正洪，张衍，付世伦，康佳凯. 基于海绵城市理念的延安市老旧小区改造设计——以延安市北苑小区为例 [J]. 四川水泥, 2020（8）：321—322.

[17] 曹真，陈虹. 基于顶层设计实践海绵城市研究——以德阳高新技术区海绵城市专项规划为案例 [J]. 中国名城, 2020（8）：58—63.

[18] 时光. 工业企业总图设计对生态环境的影响及其应对措施 [J]. 工程建设与设计, 2020（8）：157—158.

[19] 崔宇. 生态环境保护视角下工业企业总图运输设计优化 [J]. 中国新技术新产品, 2020

（6）：124—125.

[20] 王琳琳. 基于化工企业建设中的总图运输设计探究 [J]. 中国石油和化工标准与质量，2019（1）：132—133.

[21] 袁建文，张永炘，黄伟文，李佳祺. 变电站工程BIM建模技术研究 [J]. 中国标准化，2017（18）：143—144.

[22] 杨辉东，王伟龙. 浅谈电力变电站总图设计 [J]. 现代工业经济和信息化，2017（8）：69—70.

[23] 郑海涛，贾云辉，任鹏飞，何科峰. 变电站数字化设计研究 [J]. 电工文摘，2016（4）：16—19.

[24] 郑国龙，陈勇良. 混合式配电装置在变电站改造中的应用 [J]. 成都工业学院学报，2016（2）：10—12.

[25] 李远婵，刘建华. 探讨总图设计中节约用地的方法 [J]. 建材与装饰，2016（7）：78—79.

[26] 张钧. 风电场微观选址与总图运输设计优化 [J]. 武汉大学学报（工学版），2011（S1）：1—5.

[27] 魏炜，郝琦，单春林. BIM技术在总图设计中的应用 [J]. 工程建设与设计，2016（15）:174—176.

[28] 孔园园. 浅谈BIM技术在总图设计中的应用 [J]. 中国房地产业，2017（18）：77.

[29] 韩雪松. 国土空间规划背景下交通规划变革与实践 [J]. 西部人居环境学刊，2020（1）：31—36.

[30] 董祚继. 从土地利用规划到国土空间规划—科学理性规划的视角 [J]. 中国土地科学，2020（5）1—7.